全国职业院校建筑类专业教材

QUANGUO ZHIYE YUANXIAO

建筑识图与构造习题册

JIANZHULEI ZHUANYE JIAOCAI

谭立波◎主编

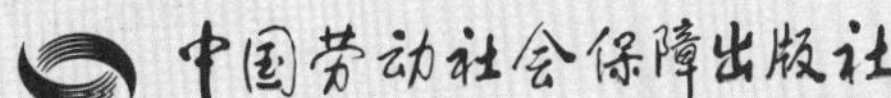

简介

本习题册是全国职业院校建筑类专业教材《建筑识图与构造》的配套用书，根据职业院校建筑类专业学生的特点，并参照国家相关职业标准编写。本习题册按照教材分章编写，有填空题、选择题、名词解释、简答题、作图题、设计题等多种题型，供学生课后练习使用。

本习题册由谭立波任主编，董光宇、唐丽慧、赵国平参加编写。

图书在版编目（CIP）数据

建筑识图与构造习题册 / 谭立波主编 . -- 北京 : 中国劳动社会保障出版社，2024. --（全国职业院校建筑类专业教材）. -- ISBN 978-7-5167-6478-7

Ⅰ. TU2-44

中国国家版本馆 CIP 数据核字第 2024CM1592 号

中国劳动社会保障出版社出版发行

（北京市惠新东街 1 号　邮政编码：100029）

*

北京市鑫霸印务有限公司印刷装订　　新华书店经销

787 毫米 ×1092 毫米　16 开本　5.5 印张　121 千字

2024 年 8 月第 1 版　　2024 年 8 月第 1 次印刷

定价：12.00 元

营销中心电话：400-606-6496

出版社网址：http://www.class.com.cn

http://jg.class.com.cn

目录
CONTENTS

第一章 建筑识图基础

一、字体练习

1.

一 二 三 四 五 六 七 八 九 十 建 筑 制

图 住 宅 办 公 楼 宿 舍 厂 房 屋 旅 馆

幼 儿 园 东 南 西 北 中 小 学 平 立 剖

面 底 层 顶 标 准 设 计 说 明 基 础 承

重 墙 梁 柱 楼 梯 框 架 砖 混 结 构 门

窗 屋 顶 阳 台 雨 篷 勒 脚 散 水 明 沟

2.

踢 脚 乳 胶 木 制 轻 钢 龙 骨 预 制 现

浇 材 料 钢 筋 混 凝 土 砂 浆 冷 底 子

油 砖 碎 石 素 土 夯 实 给 排 水 暖 气

屋 面 油 毡 防 水 层 胶 合 板 保 护 隔

热 找 平 挂 瓦 条 顺 检 查 顶 棚 天 窗

门 窗 伸 缩 缝 变 形 刷 石 涂 料 褐 色

3.

姓 名 学 号 班 级 院 校 建 设 监 理 详

图 建 筑 构 造 制 图 校 对 审 核 北 京

天 津 河 北 山 西 内 蒙 古 辽 宁 吉 林

黑 龙 江 上 海 江 苏 浙 江 安 徽 福 建

江 西 山 东 河 南 湖 北 湖 南 广 东 广

西 海 南 重 庆 四 川 贵 州 云 南 西 藏

陕 西 甘 肃 青 海 宁 夏 新 疆 香 港 澳

门	台	湾	1	2	3	4	5	6	7	8	9	0
A	B	C	D	E	F	G	H	I	J	K	L	M
N	O	P	Q	R	S	T	U	V	W	X	Y	Z

二、线型练习

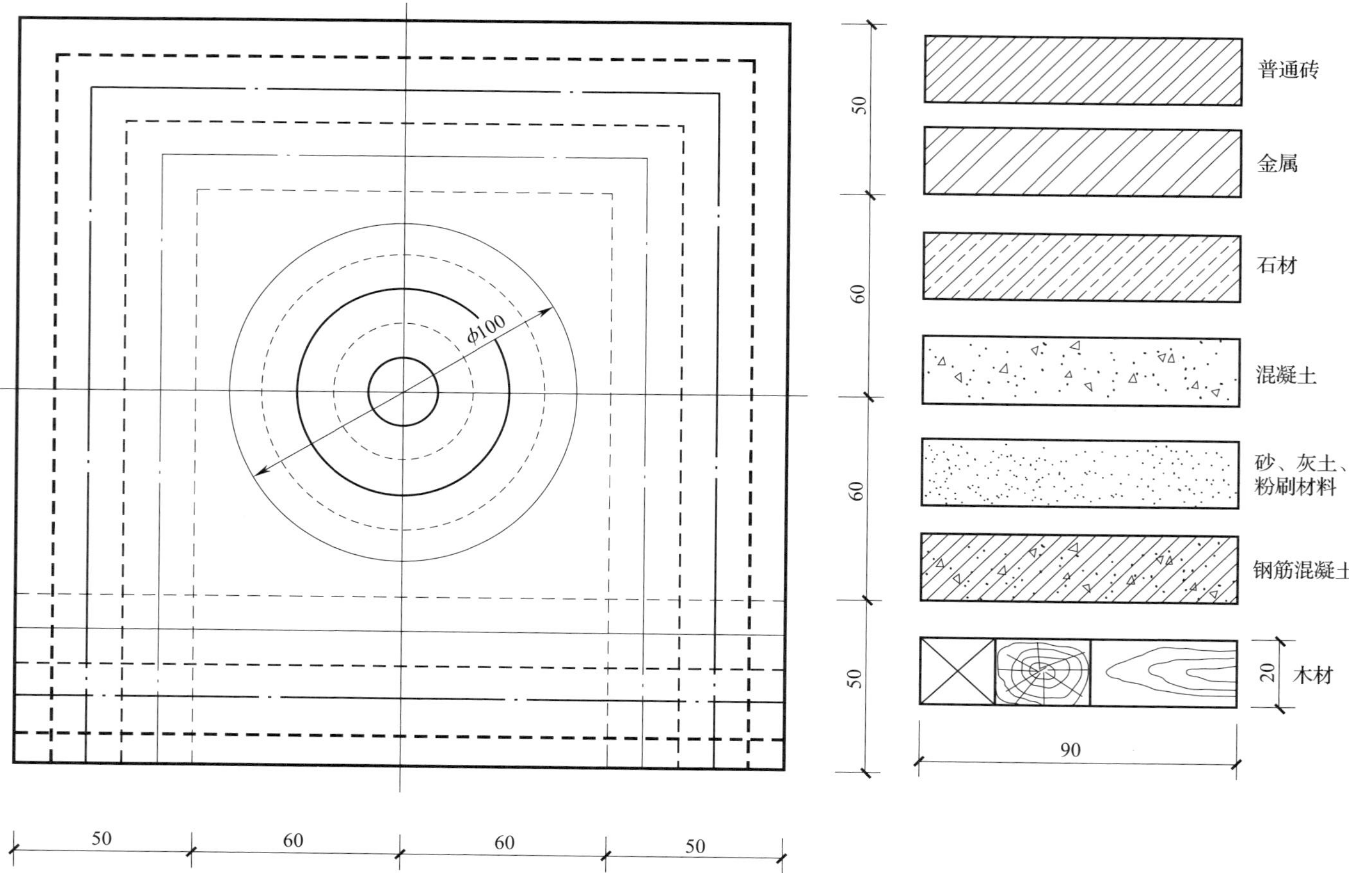

形体投影图绘制

一、根据立体图找投影图

1.

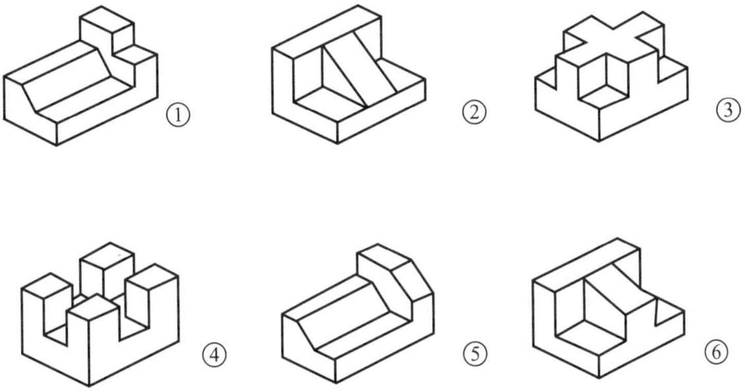

① ② ③

④ ⑤ ⑥

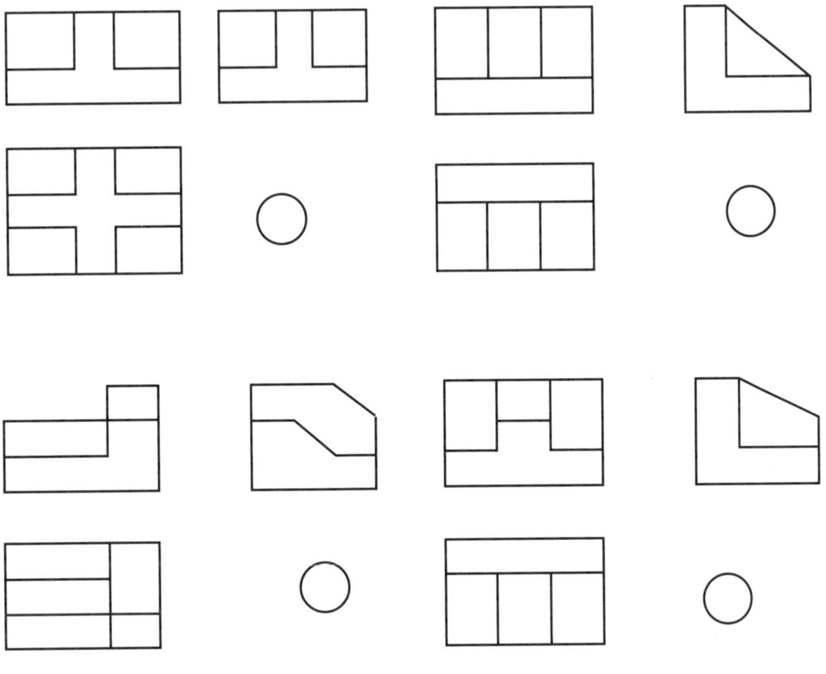

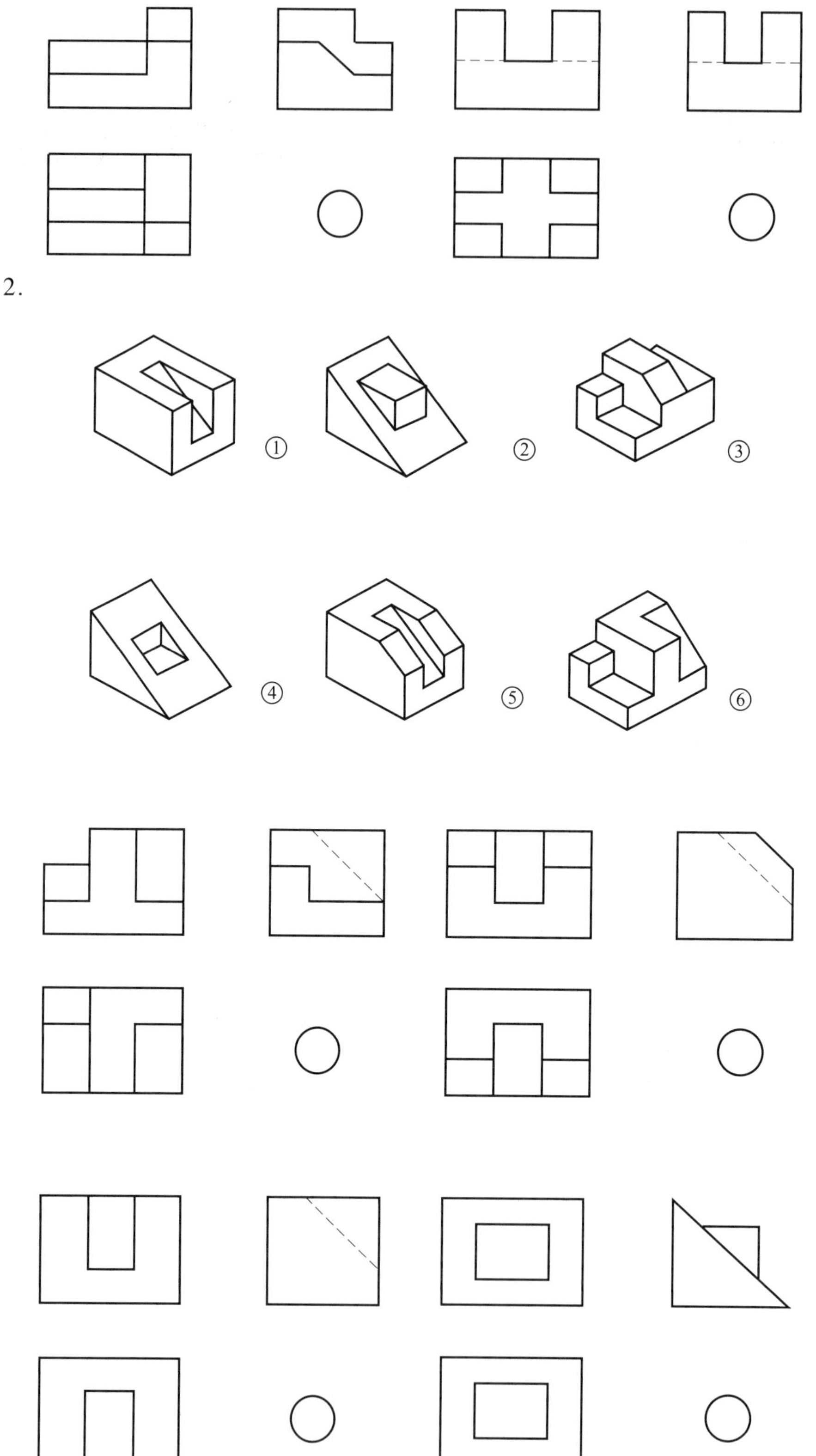
2.
①
②
③
④
⑤
⑥

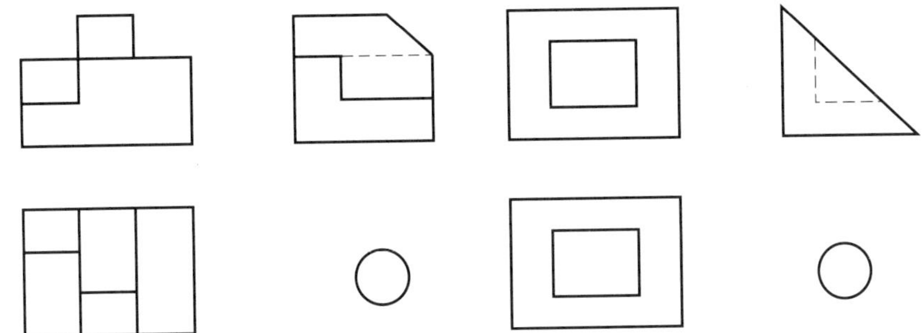

二、根据立体图作三面投影图（比例自定，尺寸从图中量取，取整数）

1.

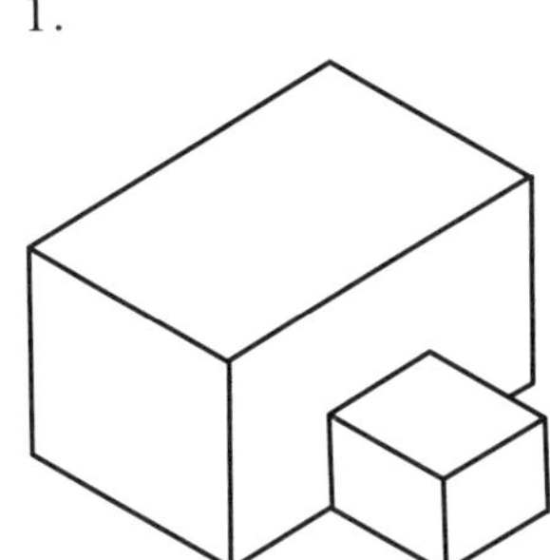

2.

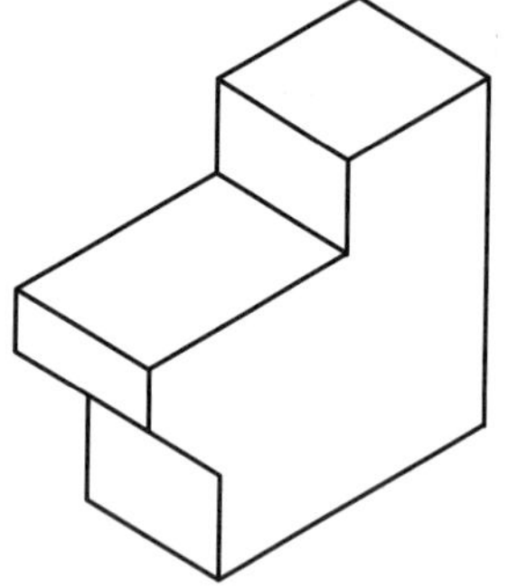

3.

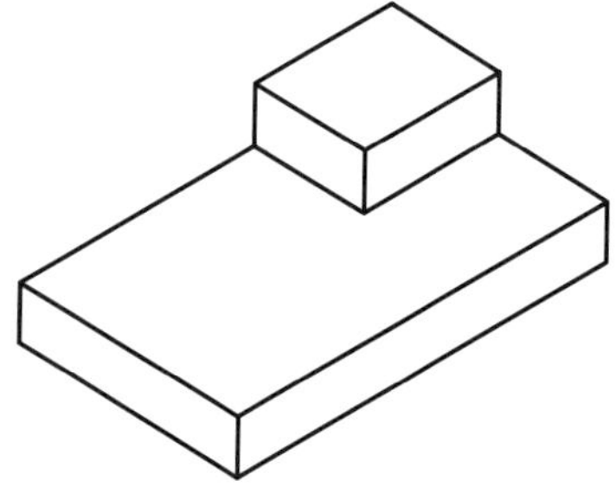

4.

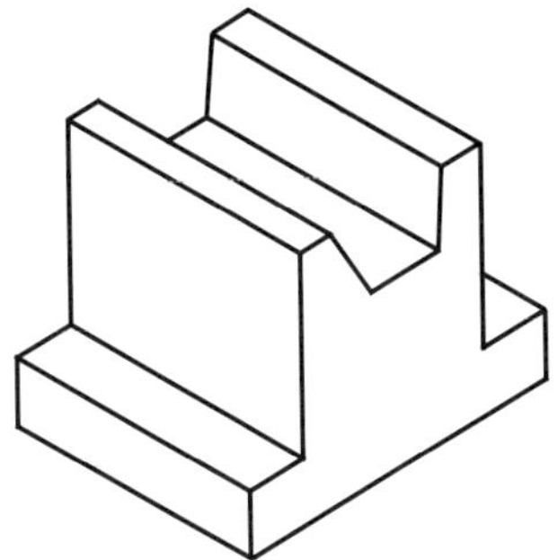

5.

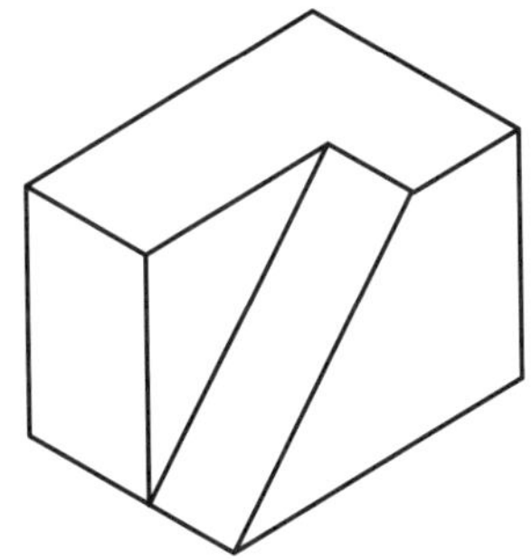

6.

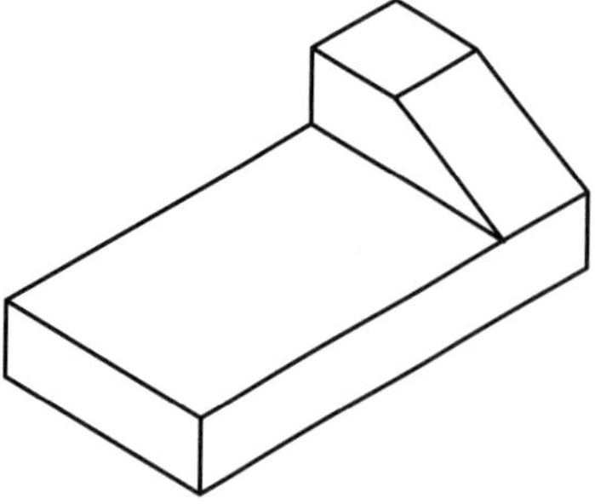

7.

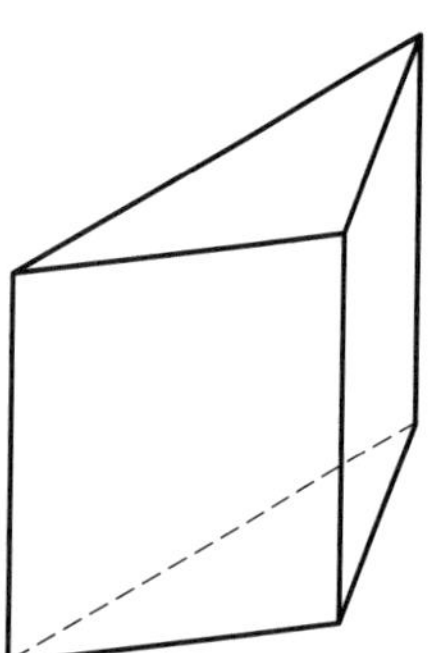

8.

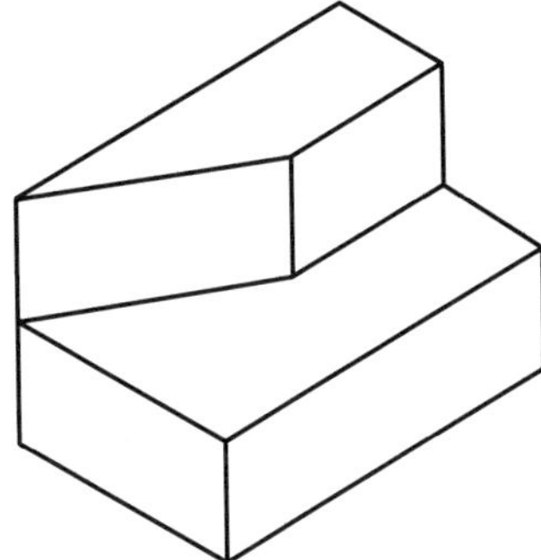

9.

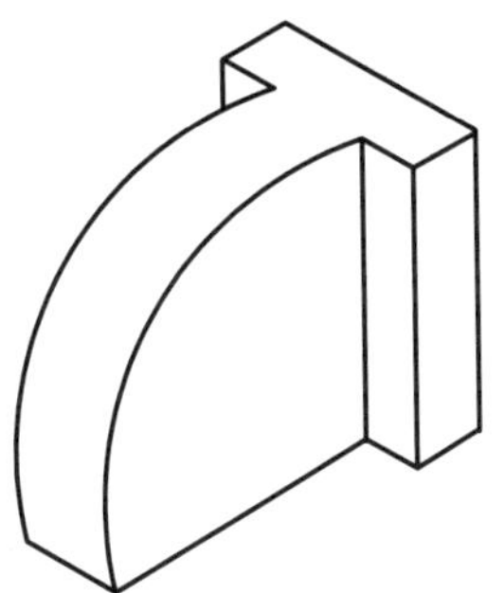

10.

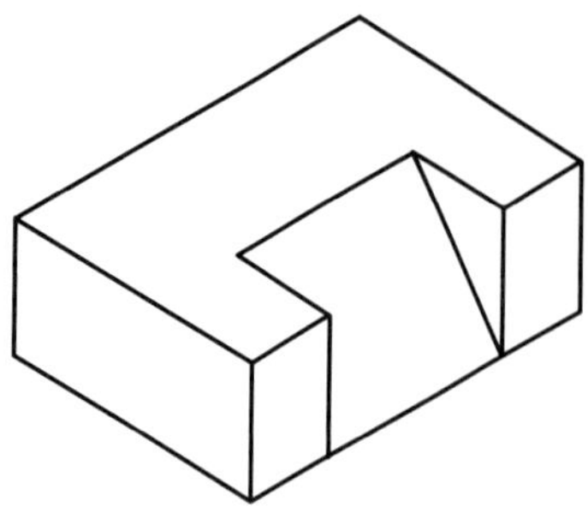

11.

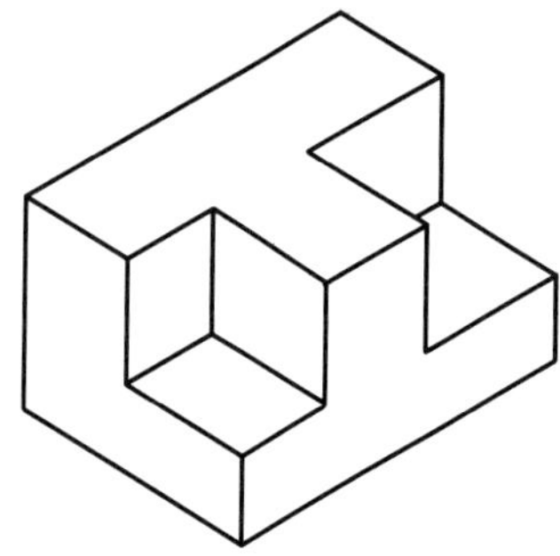

12.

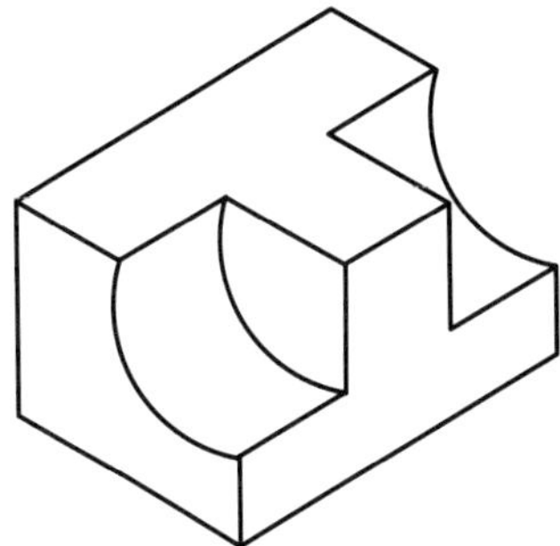

13.

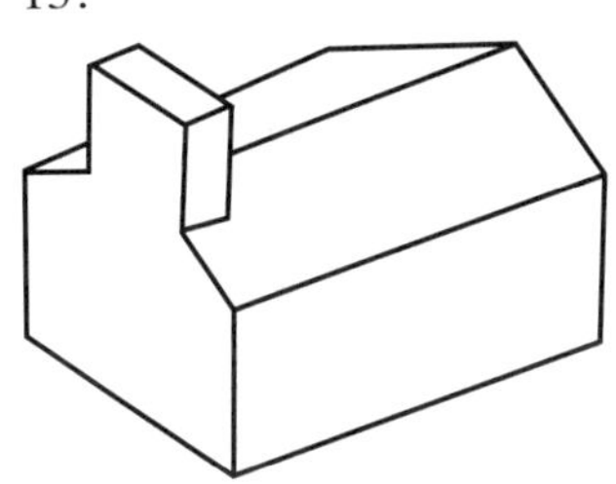

14.

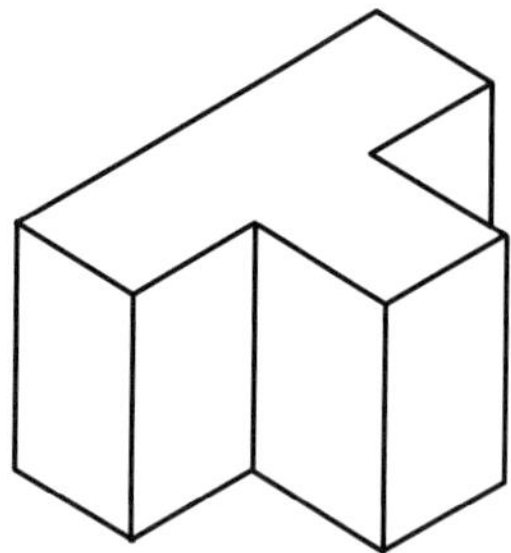

15.

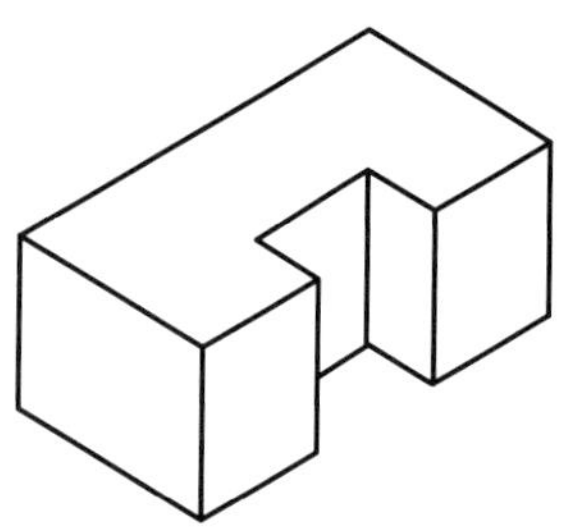

16.

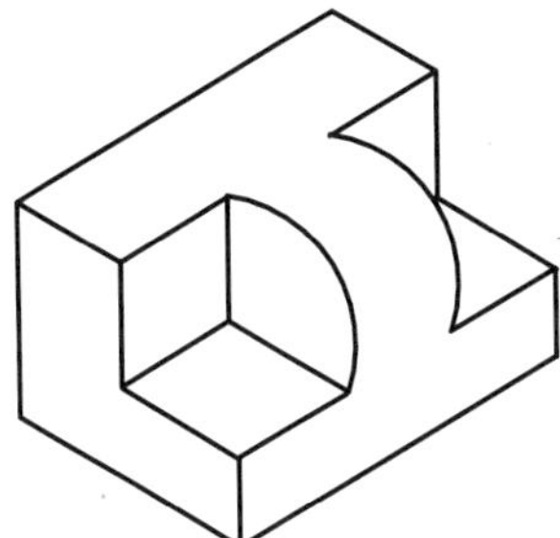

17.

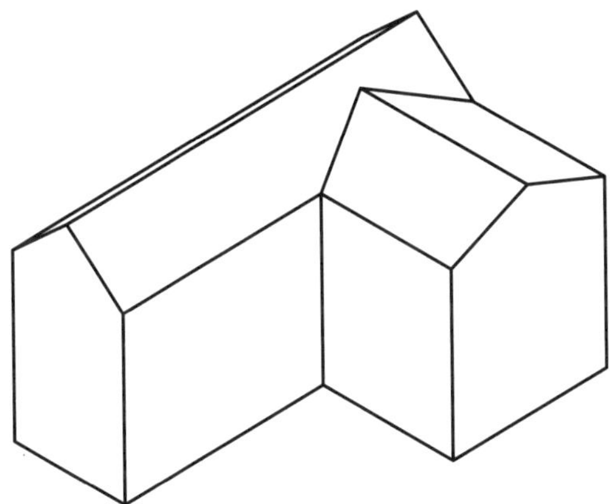

三、已知形体的两个投影，补画第三投影

1.

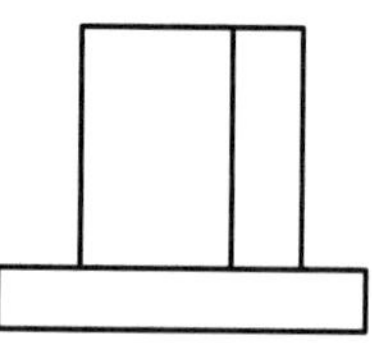

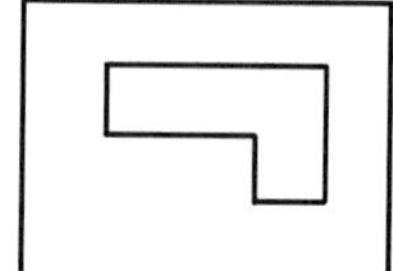

2.

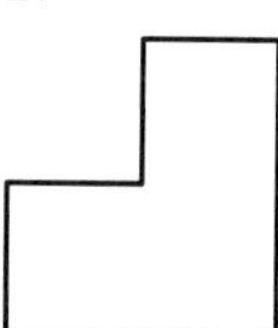

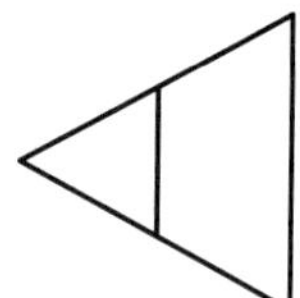

3.

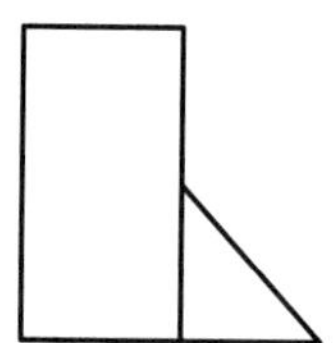

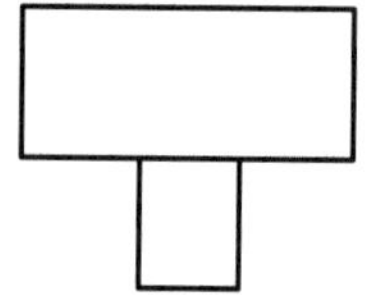

4.

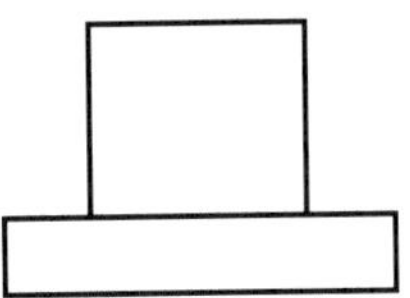

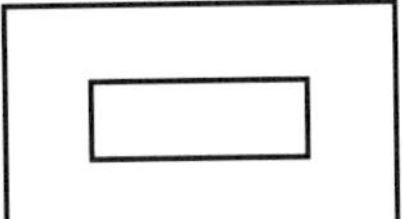

5.

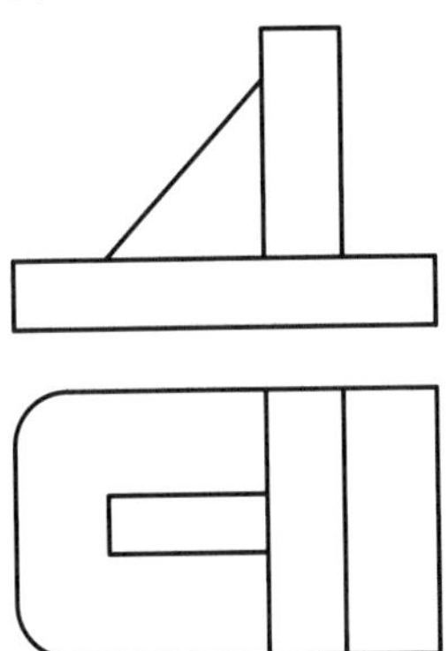

6.

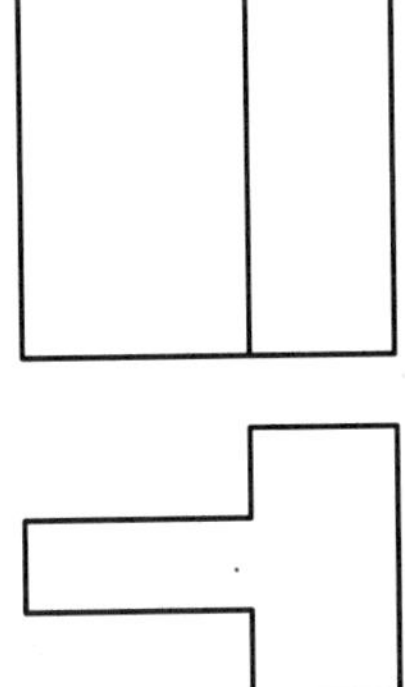

7.

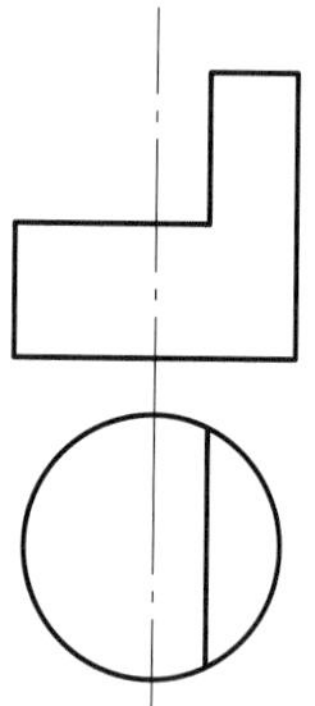

8.

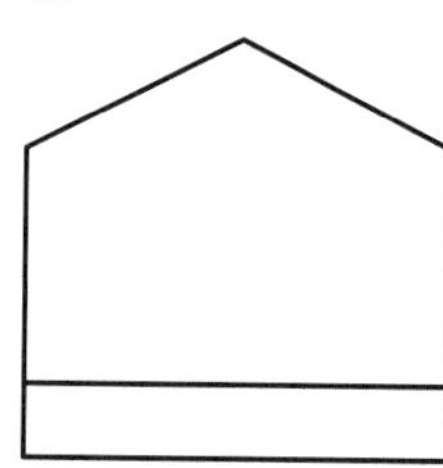

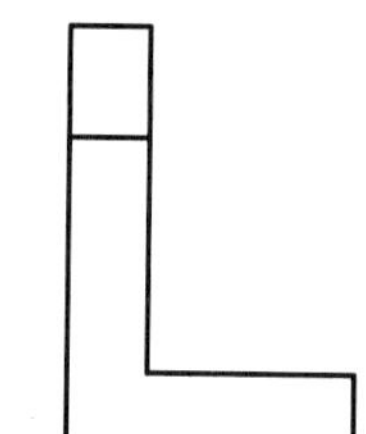

四、求点的投影

1. 根据两面投影，补画第三面投影图，并求出形体表面点的另两个投影。

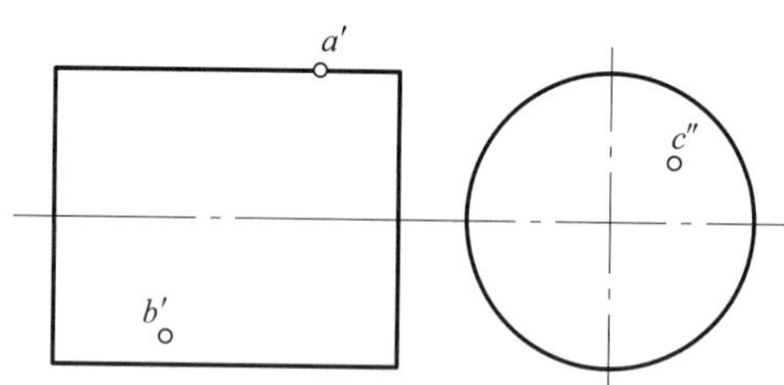

2．已知点 A（10，5，20）、B（0，10，10）、C（0，0，15）的坐标，求作它们各自的三面投影，并指出它们各在哪个投影面上。

3．根据两面投影，补画第三面投影图，并求出形体表面点的另两个投影。

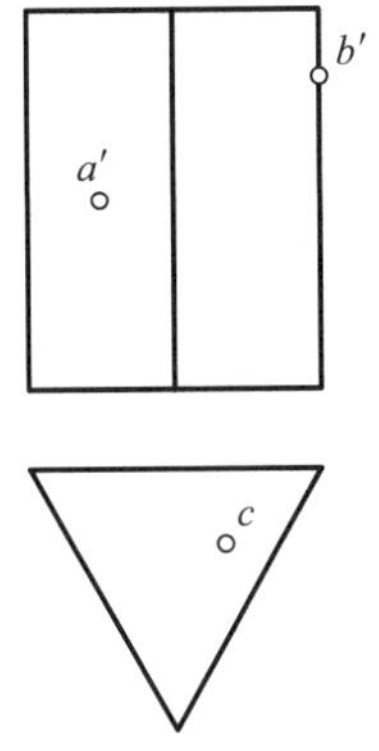

4．已知点 A 的三面投影，点 B 在点 A 的后方 5 mm、左方 10 mm、上方 8 mm 处，作出点 B 的三面投影图。

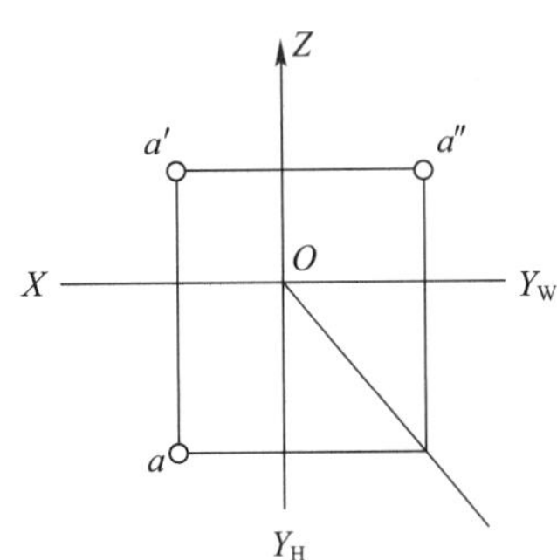

五、求下列直线的第三投影，并判断各直线与投影面的相对位置

1.

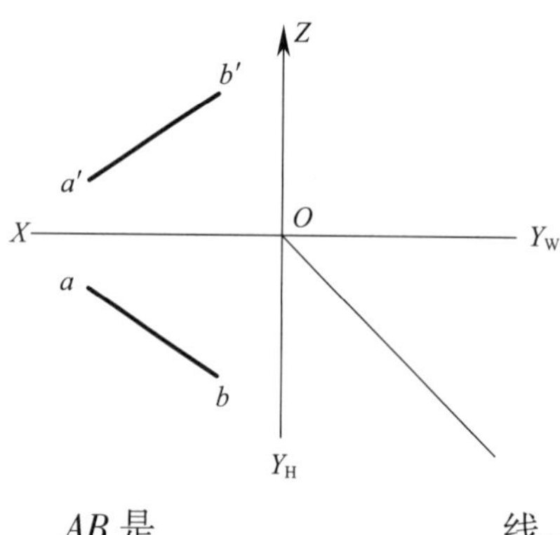

AB 是________________线。

2.

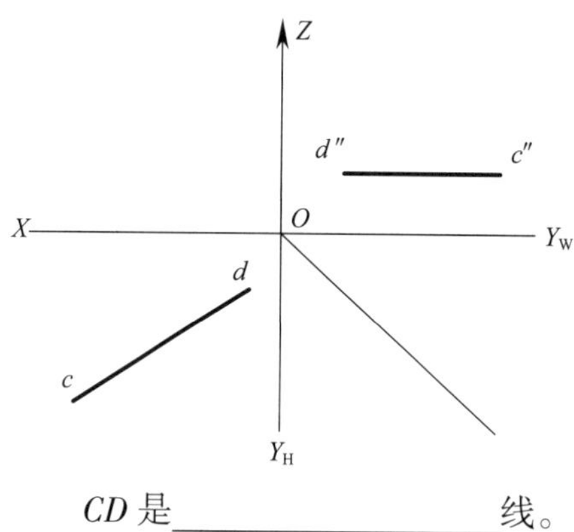

CD 是________________线。

3.

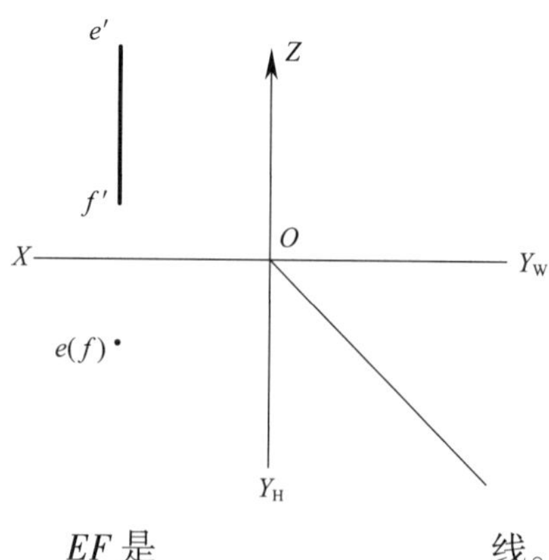

EF 是________________线。

4.

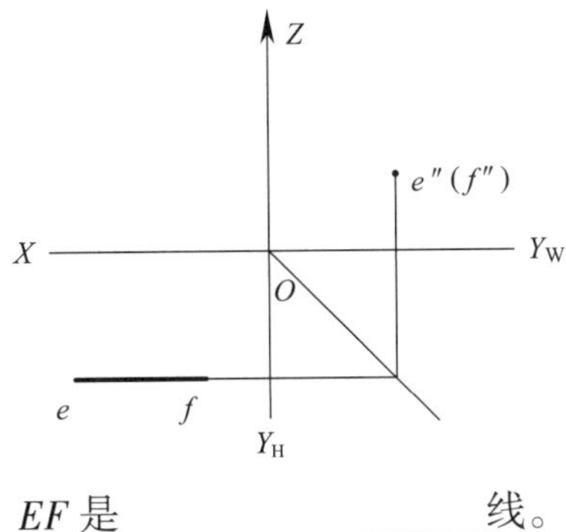

EF 是________________线。

六、补全平面的第三投影，并判断各平面与投影面的相对位置

1.

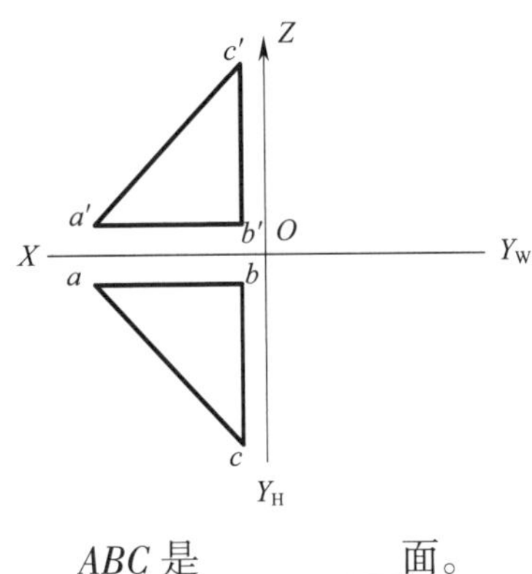

ABC 是__________面。

2.

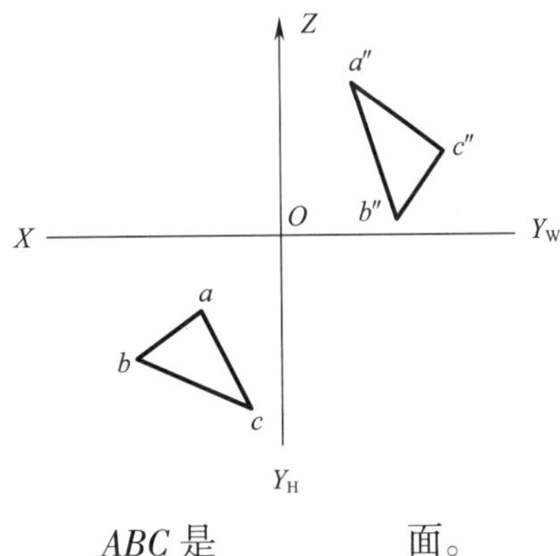

ABC 是__________面。

3.

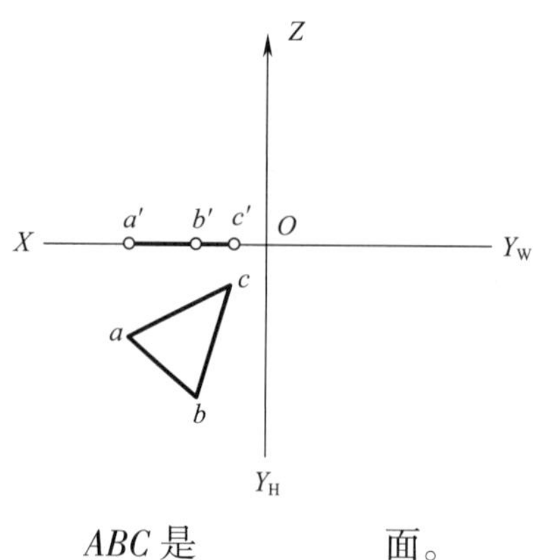

ABC 是__________面。

4.

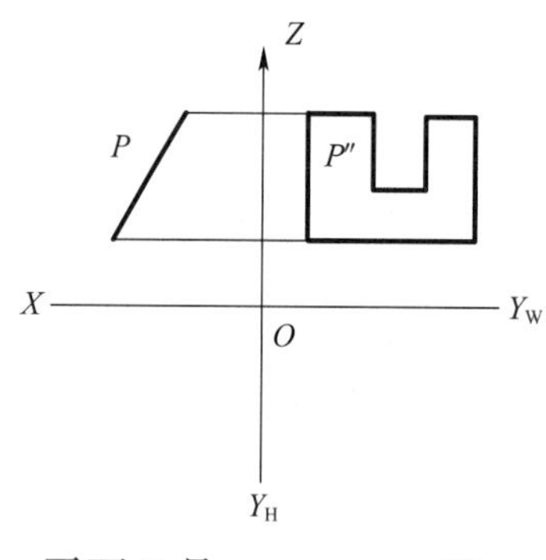

平面 *P* 是__________面。

第三章 建筑工程图识读与绘制

阅读作业中给定的建筑施工图，读图并抄绘。

一、目的

1. 了解建筑平面图、建筑立面图、建筑剖面图、建筑详图的内容和表示方法。
2. 学习绘制建筑平面图、建筑立面图、建筑剖面图、建筑详图的方法和步骤。

二、内容

根据作业图样中给出的底层平面图、立面图和剖面图，完成以下要求：

1. 识读一层、二层及屋顶平面图，并用 A3 图幅和 1∶100 的比例抄绘底层平面图。
2. 识读四个立面图，并用 A3 图幅和 1∶100 的比例抄绘某个立面图。
3. 识读 1—1 剖面图、一层和二层楼梯平面图、卫生间平面图，并用 A3 图幅和 1∶50 的比例抄绘某层楼梯平面图。
4. 识读并用 A3 图幅和 1∶50 的比例抄绘 2—2 剖面图。
5. 识读墙身大样图并用 A3 图幅和 1∶20 的比例抄绘其中之一。
6. 识读细部构造详图（三幅），并用 A3 图幅和适当比例抄绘挑檐大样图（1∶20）和住宅主入口大台阶构造图（1∶50）。

三、绘制建筑施工图的方法和步骤

1. 底层平面图

（1）绘制平面图的方法和注意事项

1）定轴线并绘制墙体。首先根据轴线间尺寸绘制出轴线网，然后根据墙厚尺寸绘制出内、外墙轮廓线。

2）按图例绘制门窗、楼梯等细部。门窗应根据细部尺寸定出位置。

3）标注内部尺寸、室内地面标高等。

4）标注外部尺寸、室外地面标高、轴线编号，注写文字和符号（如指北针、详图索引符号、剖切符号等）并按规定加深图线，完成全图。

5）设备图例按实际大小近似抄绘。

（2）平面图中图线线宽的规定

1）被剖到的墙身轮廓线用粗实线（线宽为 1.0 mm）。

2）被剖到的非承重墙身轮廓线，以及未剖到的可见楼梯、台阶、散水、墙身轮廓线、门的开启线等用中实线（线宽为 0.5 mm）。

3）轴线、尺寸线、尺寸界线、图例等用细实线（线宽为 0.25 mm）。

（3）平面图中字号的规定

1）轴线编号的圆直径为 10 mm，中间用 5 号字；尺寸数字用 3.5 号字。

2）门窗编号、剖切符号编号、表示楼梯上下行等文字用 10 号字。

2. 立面图

（1）绘制立面图的方法和注意事项

1）对照各层平面图绘制室外地坪线，根据首、尾轴线间尺寸和墙体厚度绘制外墙轮廓线，根据层高绘制各层地面线。

2）绘制细部，如门窗、阳台、雨水管、勒脚等。

3）标注标高，注写文字和详图索引符号等，并按规定加深图线，完成全图。

4）立面图中门窗、阳台、雨篷的位置及大小可由平面图中得到。

5）轴线编号同平面图，标高数字用 3.5 号字，所有汉字用 10 号字。

（2）立面图中图线线宽的规定

1）立面图外形轮廓线用粗实线（线宽为 1.0 mm），地坪线用加粗实线（线宽为 1.4 mm）。

2）门窗洞口、檐口、阳台、台阶、勒脚等轮廓线用中实线（线宽为 0.5 mm）。

3）门窗分格线、尺寸线、尺寸界线等用细实线（线宽为 0.25 mm）。

3. 剖面图

（1）绘制剖面图的方法和注意事项

1）定轴线，绘制室外地坪线，定楼板及楼梯休息平台位置，并绘出墙身。

2）绘制门窗、楼梯、楼板、休息平台板、梁等结构。

3）绘制细部，如楼梯栏杆、雨篷、屋面等。

4）标注标高及高度尺寸，注写有关文字和详图索引等，并按规定加深图线，完成全图。

5）绘制剖面图时，要参考平面图、立面图的有关尺寸。

（2）剖面图中图线线宽和字号的规定

剖面图中图线线宽和字号的要求同平面图。

建 筑 施 工 设 计 说 明

一、设计依据

1. 经有关规划部门和建筑管理部门批准的初步设计文件。

2. 建设单位提供的有关使用要求。

二、工程概况

1. 本工程为 ×× 风景区湿地科普中心，包括会展中心（建筑面积为 610 m²）、餐饮服务中心（建筑面积为 430 m²）、接待中心（建筑面积为 7 345 m²），共计 8 385 m²。其中，接待中心包括接待处（建筑面积为 245 m²）、A 型 1 幢（建筑面积为 596 m²）、

B型6幢（每幢建筑面积为314 m^2）、C型7幢（每幢建筑面积为320 m^2）、D型7幢（每幢建筑面积为340 m^2）。

2. 本工程相对标高 ±0.000 相当于绝对标高值 3.200。

3. 凡施工及验收规范（屋面、墙体、门窗、楼地面、顶棚等）已对建筑物所用材料规格、施工要求有规定的，本说明不再重复，均按相应规范执行。

4. 凡设计中选用标准图、通用图或重复利用图的，不论采用局部节点，还是全部详图，均应按照各有关图集要求配合施工。

5. 所有与结构、水、电、煤气等专业有关的预埋件、预留孔洞，施工时必须与有关的图样密切配合，如果发现功能不符合要求或相互矛盾的，请及时与设计人员联系，以便纠正解决。

6. 本工程建筑耐火等级为1级，抗震设计烈度为7度，防水等级为2级。

三、室外工程

1. 空调机冷凝水管为 ϕ25 mm 的 UPVC 管，阳台雨水管为 ϕ50 mm 的 UPVC 管。阳台雨水管做法参见 11J930。屋面雨水管为 76 mm×76 mm 的 PVC 管。屋面雨水口做法参见 12J201。屋面及阳台雨水管见建筑图，排出管详见给排水专业。

2. 室外均做散水坡，除注明外均宽 800 mm，做法见 12J003。

3. 室外踏步做法见 12J003。

四、墙体工程

1. 墙身防潮层：砖砌墙身应在室内地坪以下 0.060 m 处做防潮层（60 mm 厚 JCL 钢筋混凝土）；若结构此处已有混凝土地圈梁，则取消该防潮层做法。

（1）±0.000 以下为 240 mm 厚 MU10 黏土实心砖，M10 水泥砂浆砌筑。

（2）±0.000 以上为 240 mm 厚黏土空心砖，M7.5 混合砂浆砌筑。

2. 凡砖砌建筑进排风道、排烟竖井、水电煤气管道，当不能内部施工时，其井道内壁要求边砌边刮平。

3. 外墙面砖做法如下：15 mm 厚 1∶3 水泥砂浆，刷素水泥浆一道，3~4 mm 厚水泥胶结合层，8~10 mm 厚面砖，1∶1 水泥砂浆勾缝。

4. 外墙青石板做法如下：15 mm 厚 1∶3 水泥砂浆，刷素水泥浆一道，3~4 mm 厚水泥胶结合层，20 mm 厚青石板，1∶1 水泥砂浆勾缝。

5. 东、西、北外墙内粉刷均做保温砂浆粉刷。

6. 不同材料处应做大于 300 mm 宽钢丝网，以保证墙体不开裂。

7. 不同外墙材料基础处理不同。

五、门窗及内装修

1. 门窗按图例注明开启方式。

2. 本工程外门窗采用彩色（蓝灰色）铝合金门窗，立框在墙中，采用 5 mm 厚净白玻璃。

3. 门窗安装质量要求执行国家标准《建筑装饰装修工程质量验收标准》(GB 50210—2018)。

4. 门窗安装压花玻璃或磨砂玻璃时，压花或磨砂面应在室外。

5. 凡二楼窗台高低于 900 mm 者，沿窗内边设防护栏杆加高至离地 900 mm 高，立杆用

Φ32@140 钢筋。

六、楼地面工程

1. 地面的基层应均匀、密实。
2. 地面回填土前必须清除积水、淤泥、松土、杂物。回填土必须分层夯实，分层夯实厚度、土质、含水量应符合规定。
3. 铺在混凝土垫层上的面层为细石混凝土时，其面层分格缝应与垫层的缩缝对齐；当其为水泥砂浆时，面层分格缝除与垫层的缩缝对齐外，还应缩小间距。
4. 凡未特殊注明的卫生间、阳台等有积水可能处的楼地面，均做 0.5% 坡度坡向地漏，且其楼地面较相邻房间或走道低 20 mm。

七、屋面做法

1. 屋面防水、保温、隔热材料应有质量证明文件，并经质检部门认证，确保其质量符合技术要求。施工单位应按规定取样试验，严禁使用不合格材料。
2. 出屋面管道、设备、预埋件等应在防水层施工前安装完毕，防水层完工后，应避免再在屋面凿孔、打洞。
3. 檐沟朝雨水口坡度为 0.5%，檐沟为成品 PVC 雨水槽。
4. 屋面避雷带支架位置见电气专业图样。

八、粉刷

1. 本工程建筑室内外装修用料及色彩见单体立面设计，二次装修另行安排。
2. 一般木制品做一底二度调和漆；不露面木材满涂水柏油防腐；一般金属构件均应用红丹粉打底，面刷调和漆二度。
3. 外墙窗台、窗上口、雨篷、女儿墙等粉刷应做排水坡度及滴水槽、线，滴水槽深度、宽度不小于 10 mm，并应整齐一致。内窗台均做 1∶2 水泥砂浆粉面，并做 40 mm 宽护角线。
4. 内墙、顶棚粉刷及楼梯粉刷做法见“建筑装修用料及做法说明”。
5. 外墙及阳台底面粉刷：勒脚高 650 mm；墙面及阳台底面 20 mm 厚 1∶1∶4 混合砂浆一底一面，外涂高级外墙涂料。立面割缝，缝宽 10 mm，深 5 mm。

九、其他

1. 楼梯采用成品铸铁栏杆及不锈钢扶手，栏杆净间距不大于 110 mm，高度为 1 000 mm，水平段栏杆高 1 100 mm。
2. 卫生间内的洁具、储藏室、洗衣间及更衣室内未注明编号的门均由二次装修做。
3. 管道井由二次装修做，设计预留洞口。
4. 露台扶手做法见施工图，露台出屋面门槛做法见 11J930。

图　例

240 mm、120 mm厚砖墙 <1:100

混凝土构件 <1:100

240 mm、120 mm厚砖墙 >1:50

混凝土构件 >1:50

建筑装修用料及做法说明

A 型房间用料表

房间 / 区域名称	楼地面	内墙	踢脚板	顶棚	备注
起居室、接待室	楼 1	内墙 1	踢脚板 1	顶棚 1	预留 30 mm 厚二次装修面层
客房	楼 1	内墙 1	踢脚板 1	顶棚 1	预留 30 mm 厚二次装修面层
卫生间	楼 2	内墙 2	—	—	预留 30 mm 厚二次装修面层
楼梯间及踏步	楼 1	内墙 1	踢脚板 1	顶棚 1	预留 30 mm 厚二次装修面层
阳台	楼 3	内墙 1	踢脚板 1	顶棚 1	预留 30 mm 厚二次装修面层
储藏室	楼 1	内墙 1	踢脚板 1	顶棚 1	预留 30 mm 厚二次装修面层
棋牌室、健身室	楼 1	内墙 1	踢脚板 1	顶棚 1	预留 30 mm 厚二次装修面层
会议室	楼 1	内墙 1	踢脚板 1	顶棚 1	预留 30 mm 厚二次装修面层

注：1. 起居室、接待室、客房做暗踢脚。

2. 本说明未尽事宜均执行国家标准《建筑装饰装修工程质量验收标准》(GB 50210—2018)。

3. 凡结构未做地圈梁的建筑均需在 -0.060 标高处设 60 mm 厚 C20 细石混凝土，内配 3Φ6 通长钢筋，分布钢筋 Φ6@200。

楼 1（预留 30 mm 厚二次装修面层）

1. 20 mm 厚 1∶2.5 水泥砂浆压实赶光。

2. 刷素水泥浆结合层一道。

3. 钢筋混凝土楼板。

楼 2（用于卫生间，预留 30 mm 厚二次装修面层）

1. 30 mm 厚 C20 细石混凝土从门口坡向地漏，最薄处 20 mm 厚，上撒 1∶1 水泥砂子压实。

2. 聚氨酯防水层四周刷起 150 mm 高。

3. 10 mm 厚 1∶3 水泥砂浆找平层。

4. 刷素水泥浆结合层一道。

5. 钢筋混凝土楼板。

楼 3（用于阳台，预留 30 mm 厚二次装修面层）

1. 30 mm 厚 1∶2 水泥砂浆（加 5% 防水粉）坡向地漏，最薄处 20 mm 厚。

2. 刷素水泥浆结合层一道。

3. 钢筋混凝土楼板。

内墙 1

1. 刷白色内墙涂料三度。

2. 2 mm 厚纸筋灰罩面。

3. 8 mm 厚 1∶0.5∶2.5 水泥石灰膏砂浆找平。

4. 10 mm 厚 1∶0.5∶3 水泥石灰膏砂浆打底。

内墙 2

20 mm 厚 1∶3 水泥砂浆打底压实抹平（内掺 3% 超密聚合物防水剂）。

外墙 1

1. 喷外墙涂料。

2. 8 mm 厚 1：2.5 水泥砂浆罩面。

3. 12 mm 厚 1：2.5 水泥砂浆打底扫毛。

外墙 2（青石板外墙）

1. 1：1 水泥砂浆擦缝。

2. 贴外墙青石板。

3. 陶瓷黏结剂铺贴。

4. 8 mm 厚 1：2.5 水泥砂浆罩面。

5. 12 mm 厚 1：2.5 水泥砂浆打底扫毛。

外墙 3

1. PVC 外墙装饰挂板（具体色彩另定）。

2. 防腐木龙骨做法见 PVC 挂板专业安装图。

3. 20 mm 厚 1：3 水泥砂浆掺防水剂打底。

踢脚板 1（高 120 mm）

1. 8 mm 厚 1：2 水泥砂浆罩面压实赶光。

2. 12 mm 厚 1：3 水泥砂浆打底扫毛。

顶棚 1

1. 刷白色内墙涂料三度。

2. 5 mm 厚 1：0.3：2.5 水泥石灰膏砂浆罩面。

3. 5 mm 厚 1：0.3：3 水泥石灰砂浆打底扫毛。

4. 钢筋混凝土板底刷素水泥浆一道（内掺水重 3%~5% 的 107 胶）。

屋 1（坡屋面）

1. 蓝色油毡瓦。

2. 空铺卷材垫毡一层（3 mm 厚）。

3. 35 mm 厚 C15 细石混凝土找平层（配 Φ6@500×500 钢筋网）。

4. 35 mm 厚挤塑聚苯乙烯泡沫塑料板。

5. APP 防水层（3 mm 厚）。

6. 15 mm 厚 1：3 水泥砂浆找平（加 5% 防水剂）。

7. 钢筋混凝土屋面板。

屋 2（用于不上人屋面）

1. 20 mm 厚水泥砂浆保护层。

2. 40 mm 厚 C30UEA 补偿收缩混凝土防水层表面压光。混凝土内配双向钢筋 Φ6@200，留缝宽 15 mm，缝内灌填防水油膏。

3. 35 mm 厚挤塑聚苯乙烯泡沫塑料板。

4. APP 防水层（3 mm 厚）。

5. 加气混凝土碎块找坡，最薄处 30 mm 厚。

6. 20 mm 厚水泥砂浆找平。

7. 钢筋混凝土屋面板。

选用图集

图集号	图集名称	备注
11J930	住宅建筑构造	
22J403-1	楼梯、栏杆、栏板（一）	
14J914-2	住宅卫生间	
09J202-1	坡屋面建筑构造（一）	
12J003	室外工程	
15J012-1	环境景观——室外工程细部构造	

门窗表

名称	编号	洞口尺寸 宽×高	门窗数量	采用图集	型号	备注
窗	LC-1	6500×8940	1			白色彩铝窗见立面示意
	LC-2	3100×2800	2			白色彩铝窗见立面示意
	LC-3	2400×2000	2			白色彩铝窗见立面示意
	LC-4	1200×2000	4			白色彩铝窗见立面示意
	LC-5	1500×2000	2			白色彩铝窗见立面示意
	LC-6	2000×2000	2			白色彩铝窗见立面示意
	LC-7	2400×2000	1			白色彩铝窗见立面示意
	LC-8	1200×450	1			白色彩铝窗见立面示意
	LC-9	2100×2700	2			白色彩铝窗见立面示意
	LC-10	3100×2500	2			白色彩铝窗见立面示意
	LC-11	2100×2200	2			白色彩铝窗见立面示意
	LC-12	2400×1500	2			白色彩铝窗见立面示意
	LC-13	1200×1500	4			白色彩铝窗见立面示意
	LC-14	1200×2200	2			白色彩铝窗见立面示意
	LC-15	2000×1500	2			白色彩铝窗见立面示意
	LC-16	1200×4050	1			白色彩铝窗见立面示意
	LC-17	2500×1500	1			白色彩铝窗见立面示意
	LC-18	1500×1500	1			白色彩铝窗见立面示意
门连窗	LMC-1	2000×2500	2			白色彩铝门窗见立面示意
门	FDM-1	1800×2400	1			成品防盗木门见立面示意
	FDM-2	1000×2100	3			成品模木门见立面示意
	M-1	900×2100	12			成品模木门见立面示意
	M-2	800×2100	8			成品模木门见立面示意
	M-3	1500×2100	1			成品模木门见立面示意

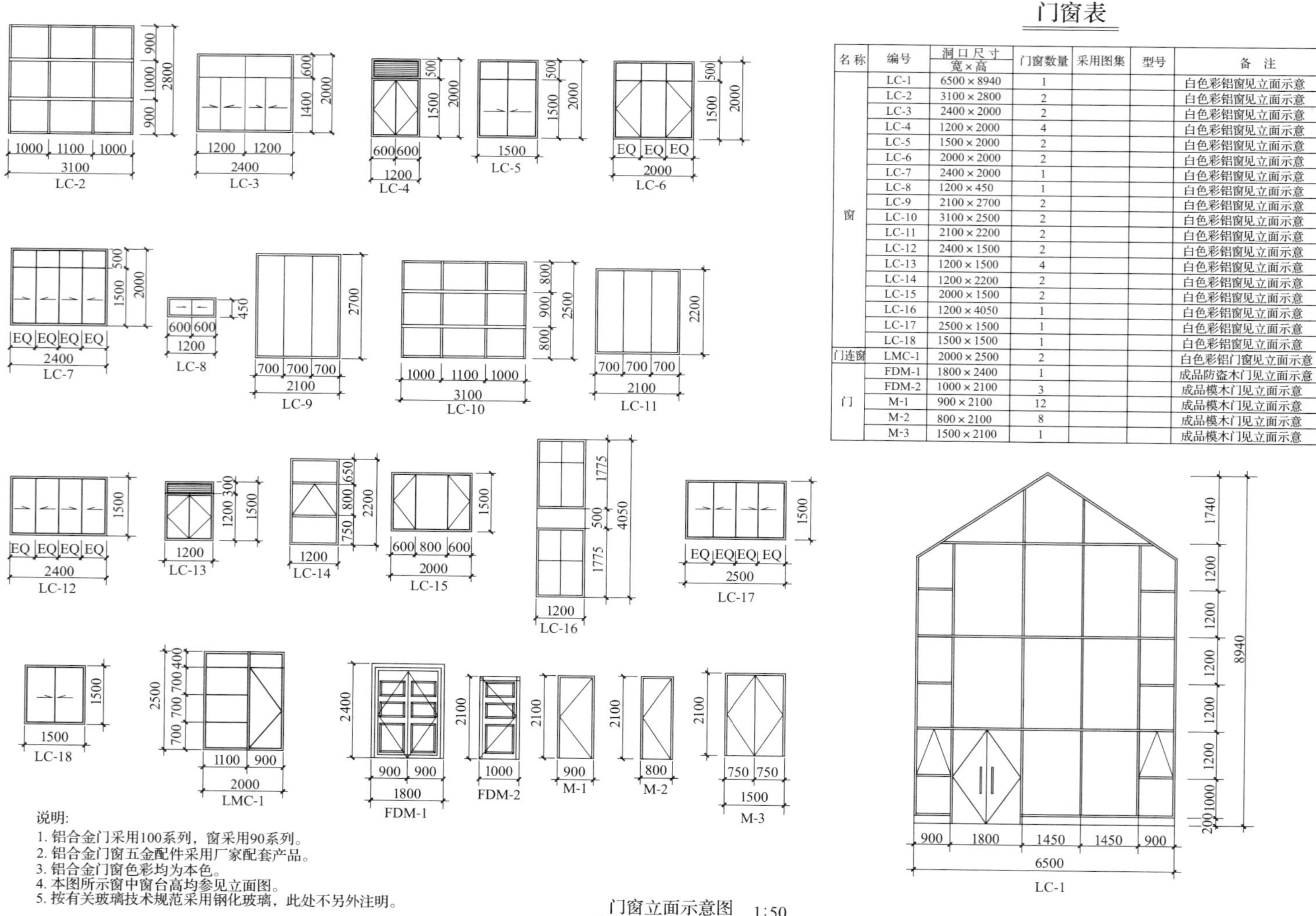

说明：
1. 铝合金门采用100系列，窗采用90系列。
2. 铝合金门窗五金配件采用厂家配套产品。
3. 铝合金门窗色彩均为本色。
4. 本图所示窗中窗台高均参见立面图。
5. 按有关玻璃技术规范采用钢化玻璃，此处不另外注明。

门窗立面示意图 1:50

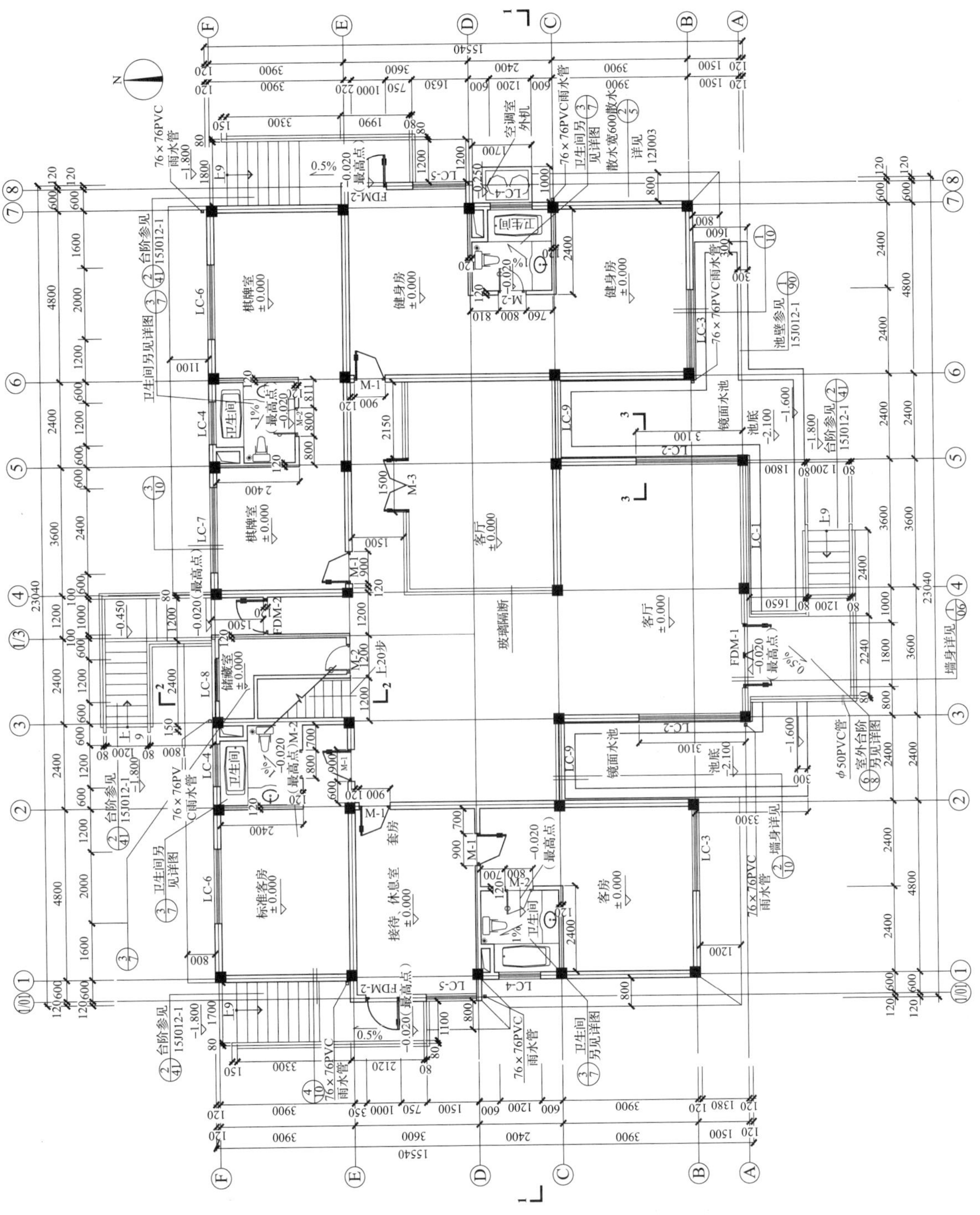

房型（A）一层平面图　1:50

建筑面积298m²

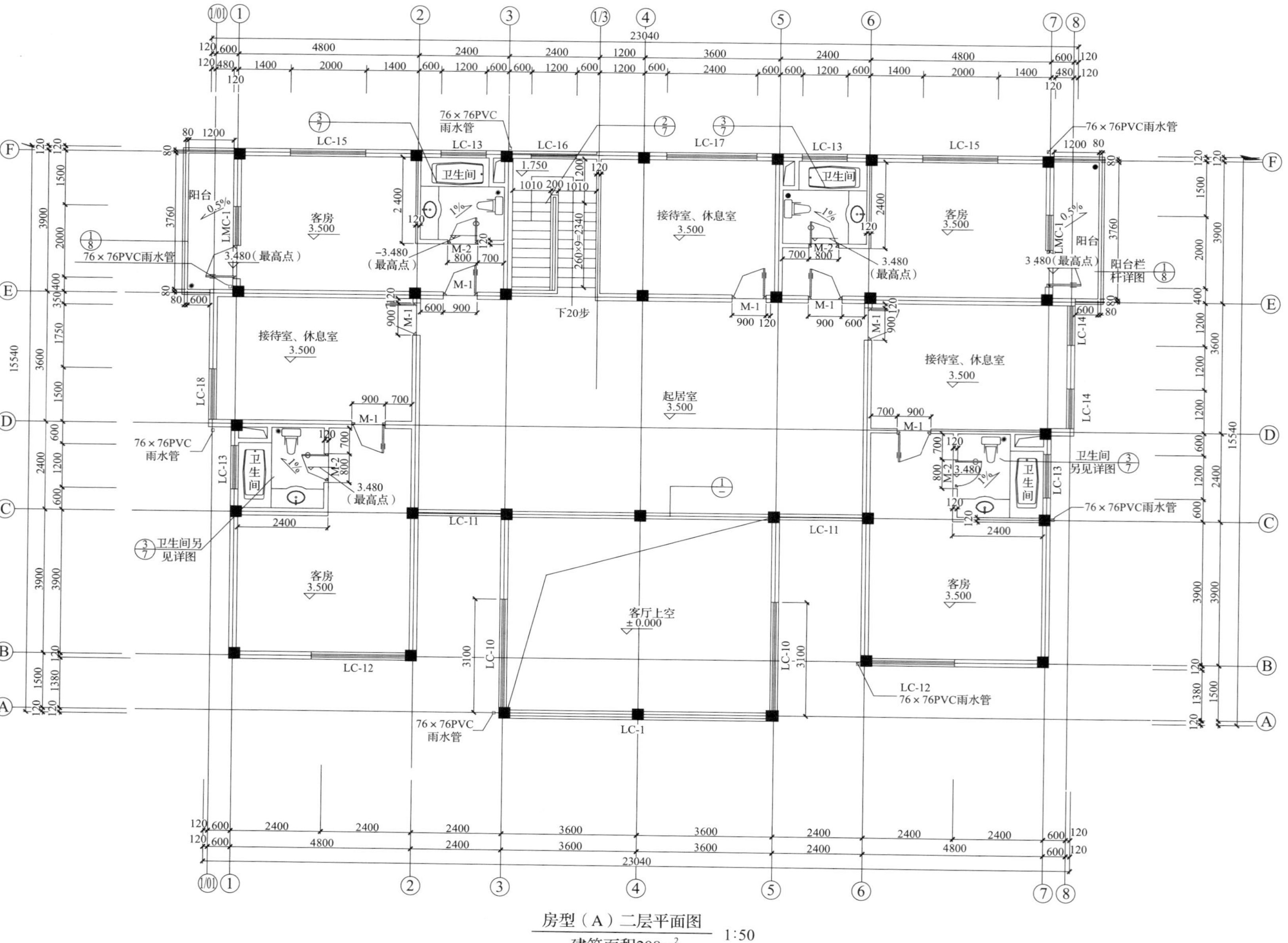
客房
接待室、休息室
起居室
客厅上空
卫生间
阳台
下20步
房型（A）二层平面图 1:50
建筑面积298m²

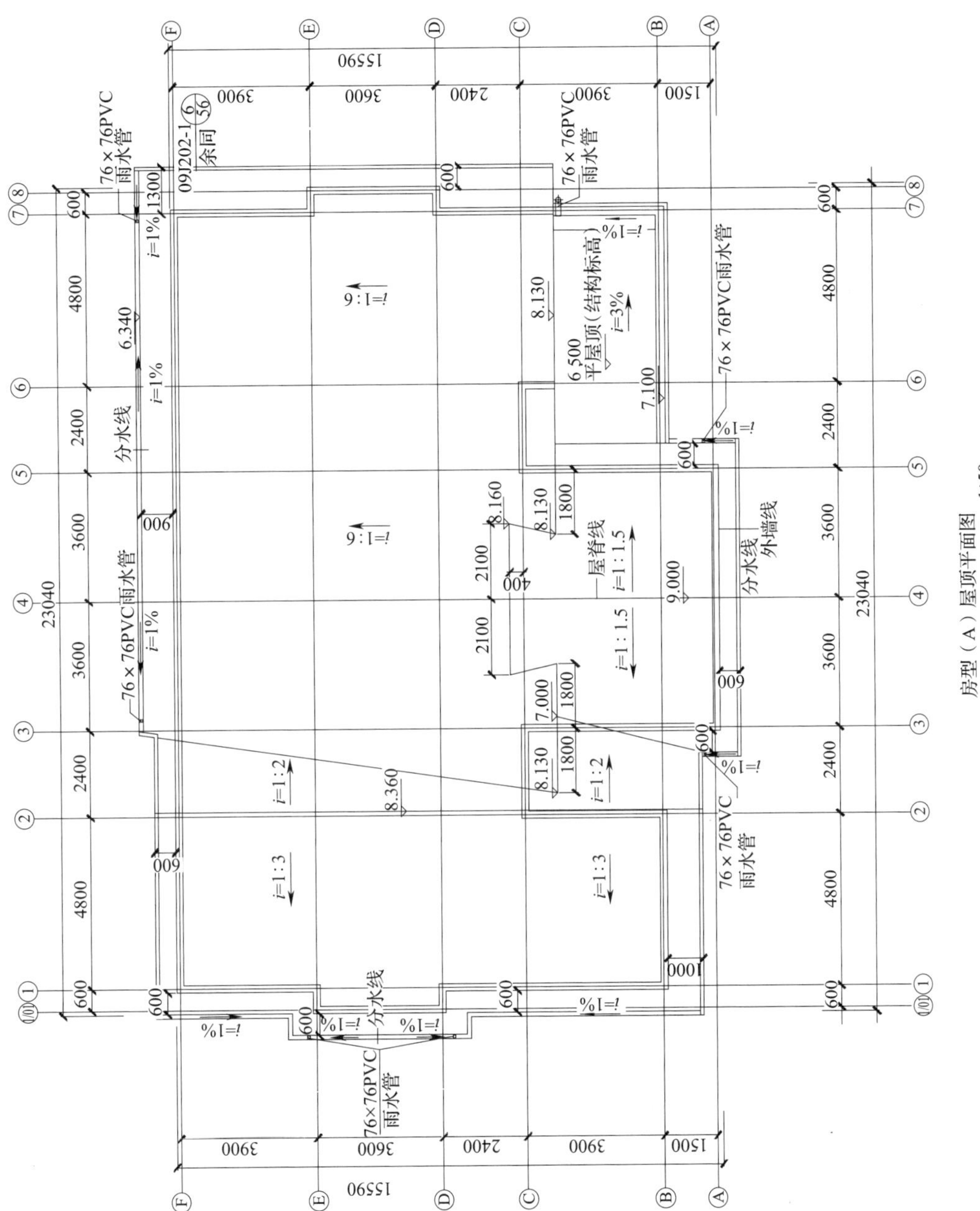

房型（A）屋顶平面图　1:50
建筑面积596m²

外墙涂料（颜色米白）
160宽PVC外墙装饰挂板（珍珠色）
10厚单向钢化玻璃
外墙涂料（颜色米白）
160宽PVC外墙装饰挂板（珍珠色）
栏杆参见11J930
乱形面贴文化石
200×400砂岩质金石板
乱形面贴文化石涂白色涂料
（檐口顶）6.220
（檐口顶）6.500
6.500（结构）
±0.000（3.200）
−1.300（1.900）
9430
9660
4800
2400
7200
600

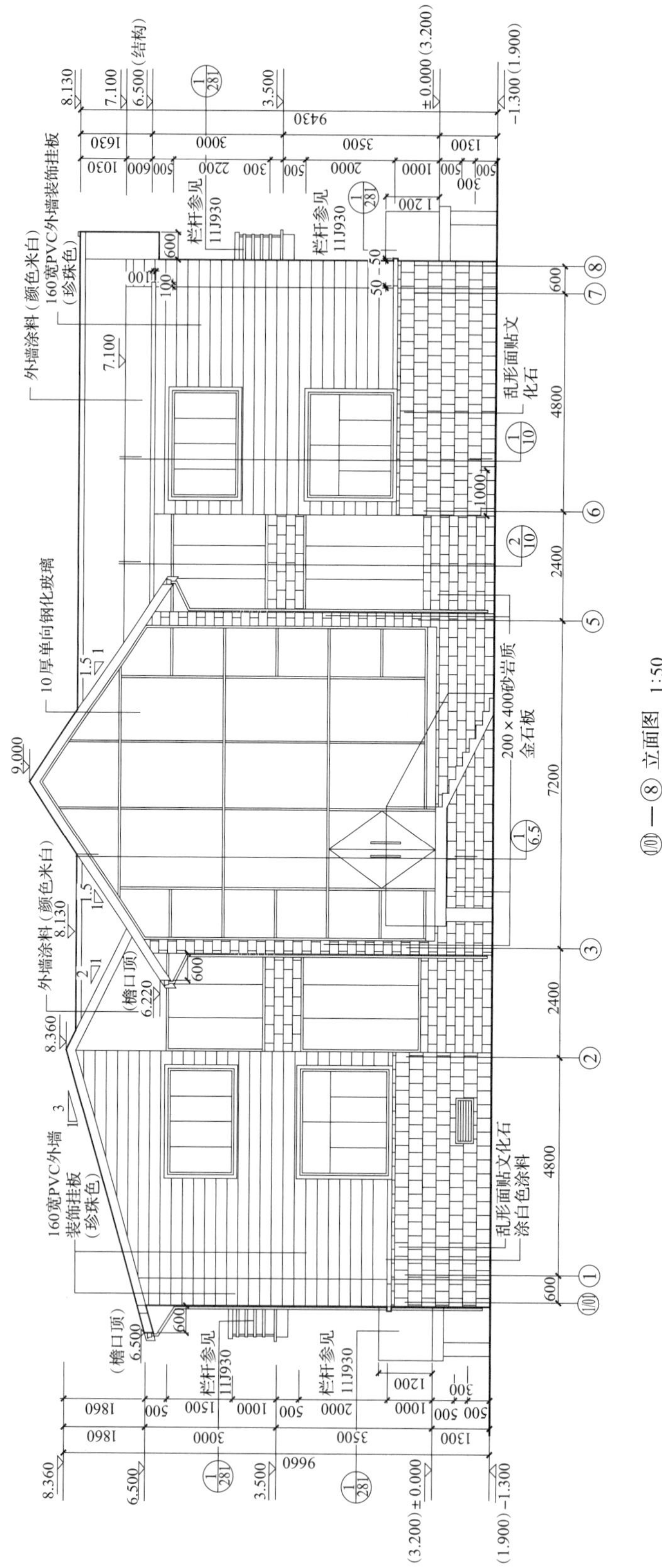

⑩—⑧立面图 1:50

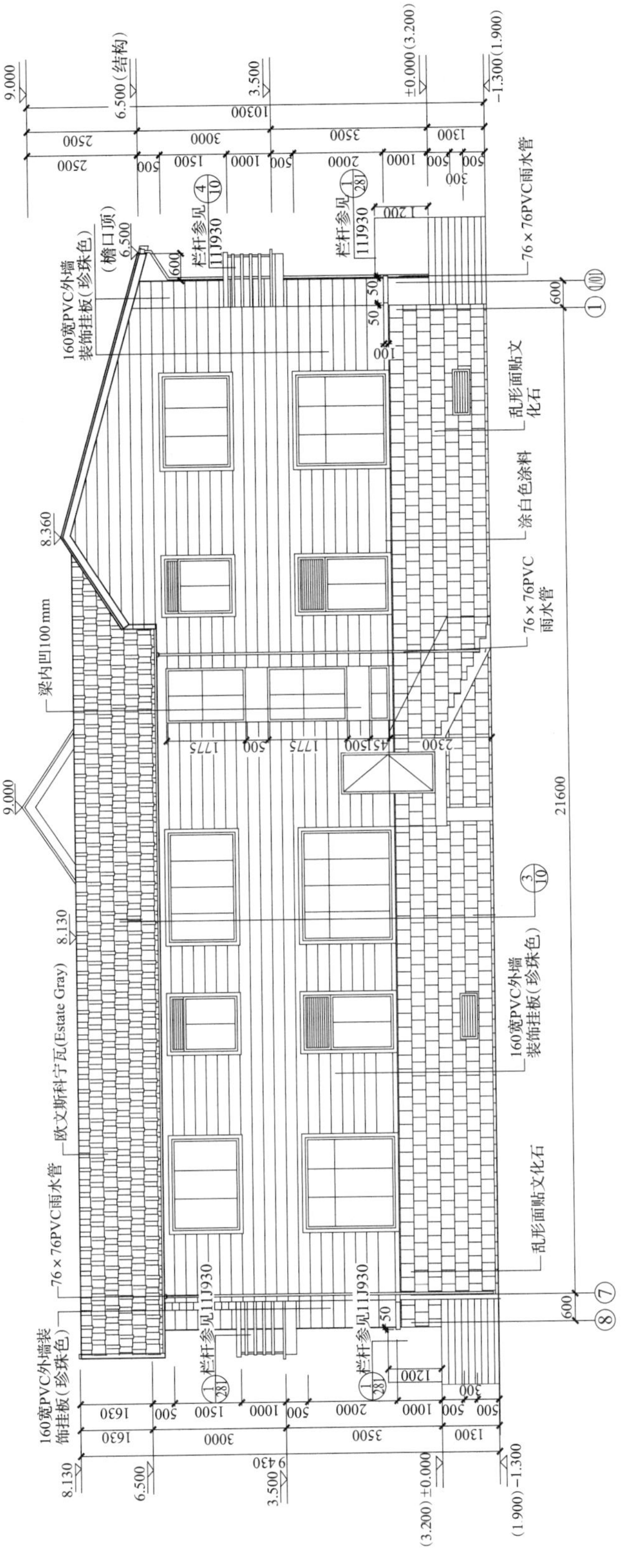

160宽PVC外墙装饰挂板（珍珠色）

76×76PVC雨水管

欧文斯科宁瓦(Estate Gray)

梁内凹100 mm

160宽PVC外墙装饰挂板（珍珠色）

（檐口顶）6.500

栏杆参见11J930

乱形面贴文化石

160宽PVC外墙装饰挂板（珍珠色）

76×76PVC雨水管

涂白色涂料

乱形面贴文化石

76×76PVC雨水管

21600

说明：

凡未注明区域均为浅黄色涂料粉刷。

⑧—⑩立面图　1:50

欧文斯科宁瓦（Estate Gray）
160宽PVC外墙装饰挂板（珍珠色）
160宽PVC外墙装饰挂板（珍珠色）
乱形面贴文化石
200×400砂岩质金石板
栏杆参见 11J930
9.000
8.360
8.130
6.500（结构）
6.450
3.500
±0.000（3.200）
−1.300（1.900）
9660
10300
1:50
Ⓐ—Ⓕ立面图 1:50

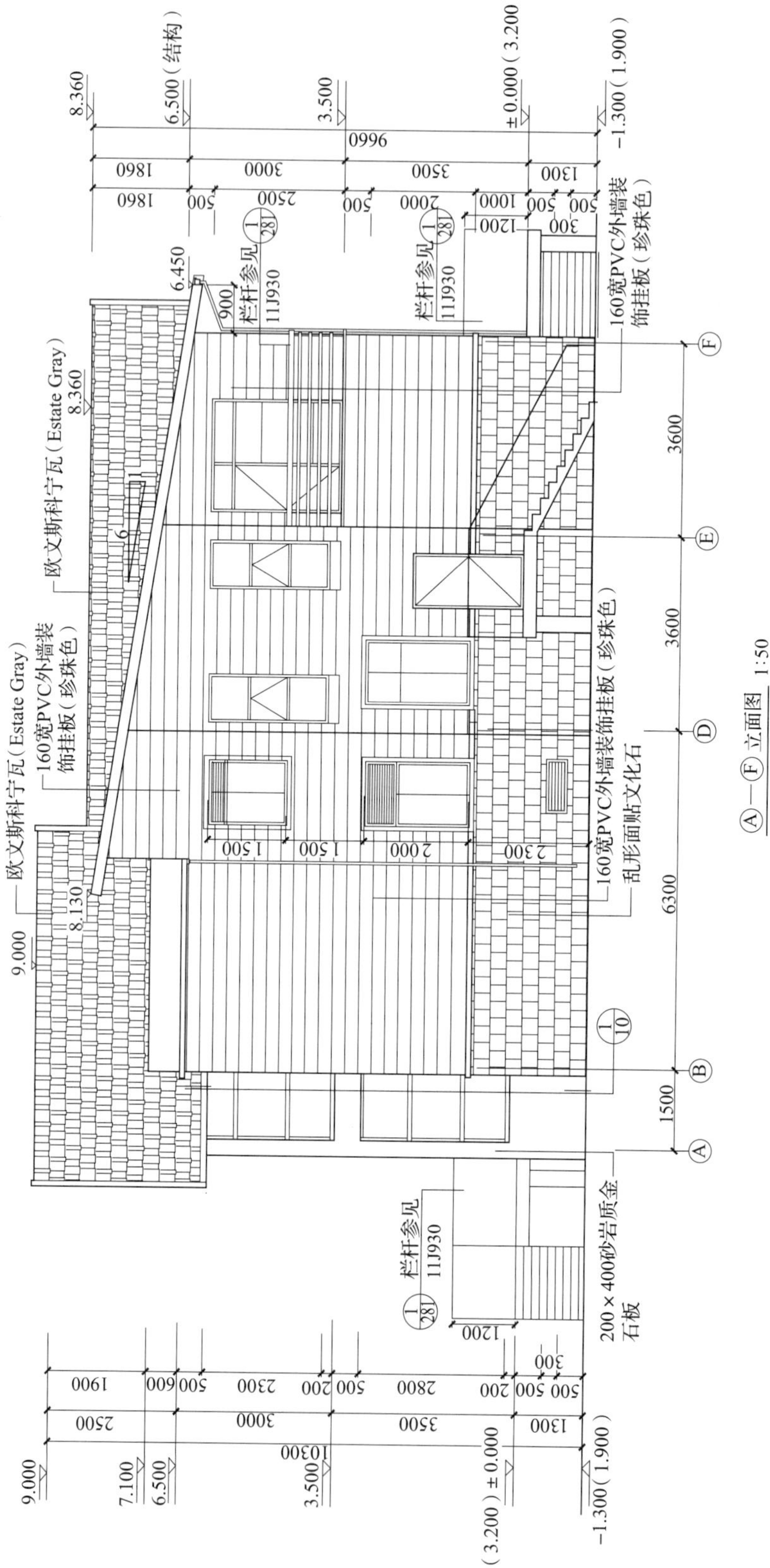

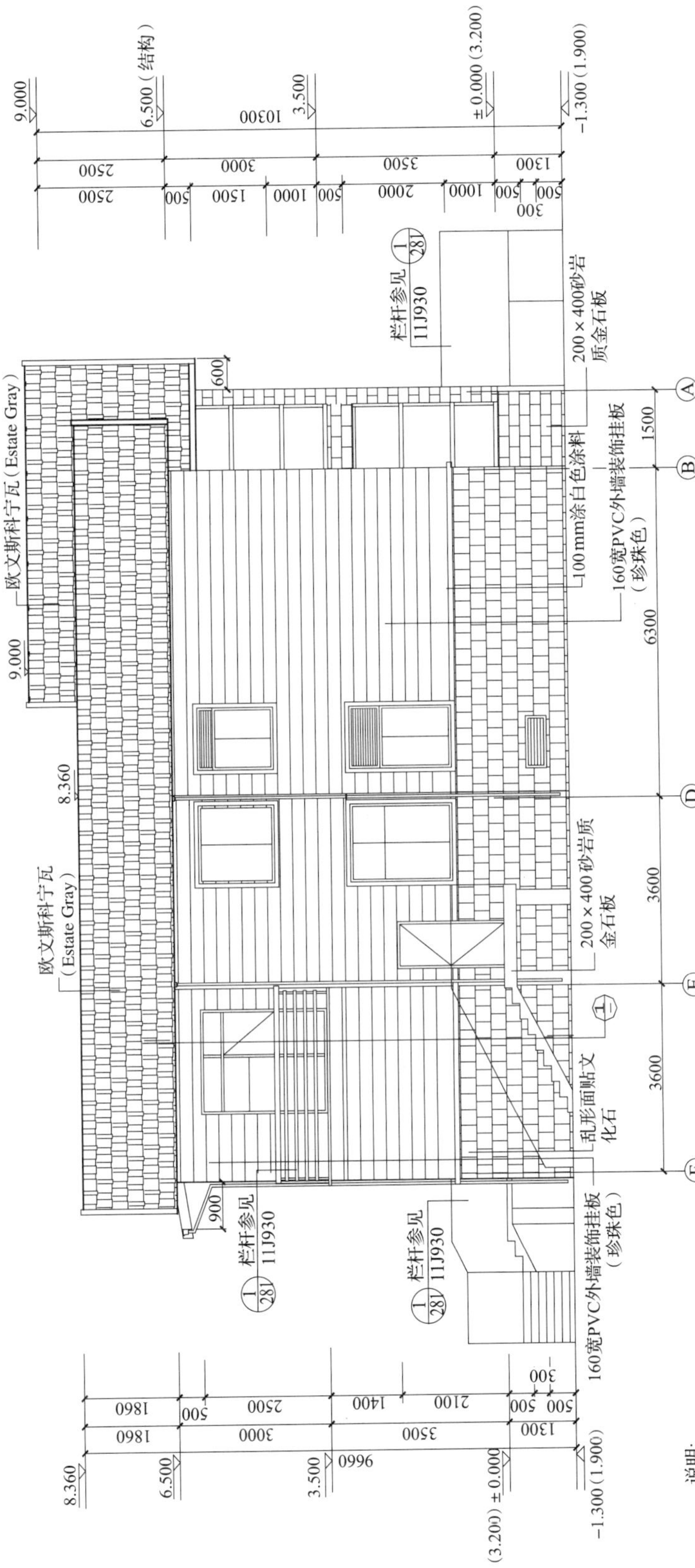

欧文斯科宁瓦（Estate Gray）

栏杆参见 11J930 $\frac{1}{281}$

200×400砂岩质金石板

100mm涂白色涂料

160宽PVC外墙装饰挂板（珍珠色）

乱形面贴文化石

F—A 立面图 1:50

说明：
凡未注明区域均为浅黄色涂料粉刷。

9.000
6.500
3.500
±0.000 (3.200)
−1.300 (1.900)
10300
2500
3000
3500
1300
1500
1000
2000
吊顶线
卫生间
客房
健身房
2400
2500
2700
900
2100
起居室
会议室
1100
8.130
8.360
不锈钢丝网10×10
(檐口顶)
6.340
1860
9660

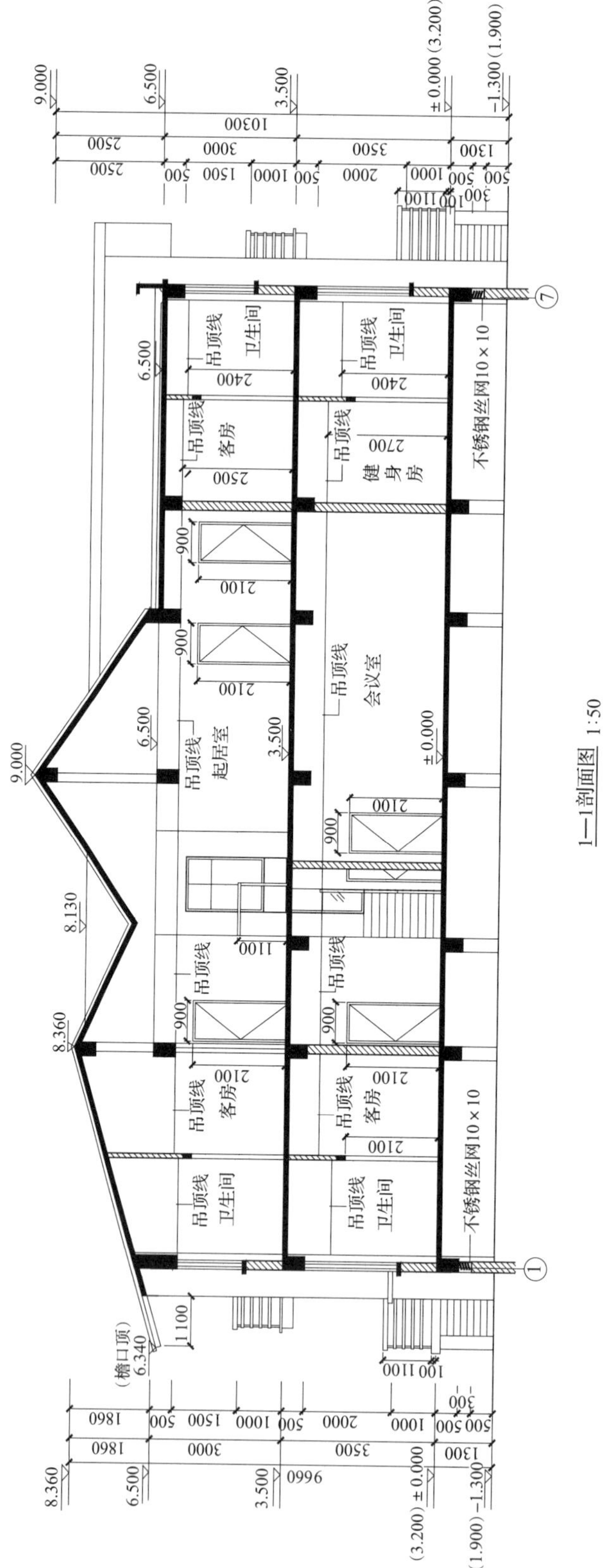

1—1剖面图 1:50

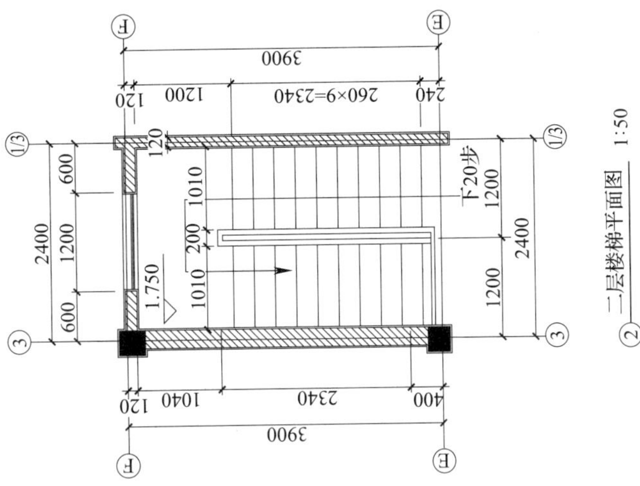

② 二层楼梯平面图　1:50

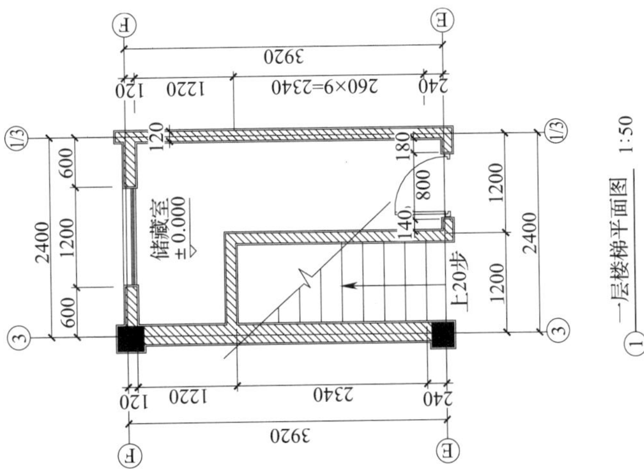

① 一层楼梯平面图　1:50

管道井详见14J914-2
地漏详见14J914-2
大理石台面详见14J914-2
卫生间
1%
-0.020
2400
120
650
120
1510
120
60
300
120
1860
60
800
800
800
420
350
500
1010
1780
650
860
500
770
1510
120
120
2400

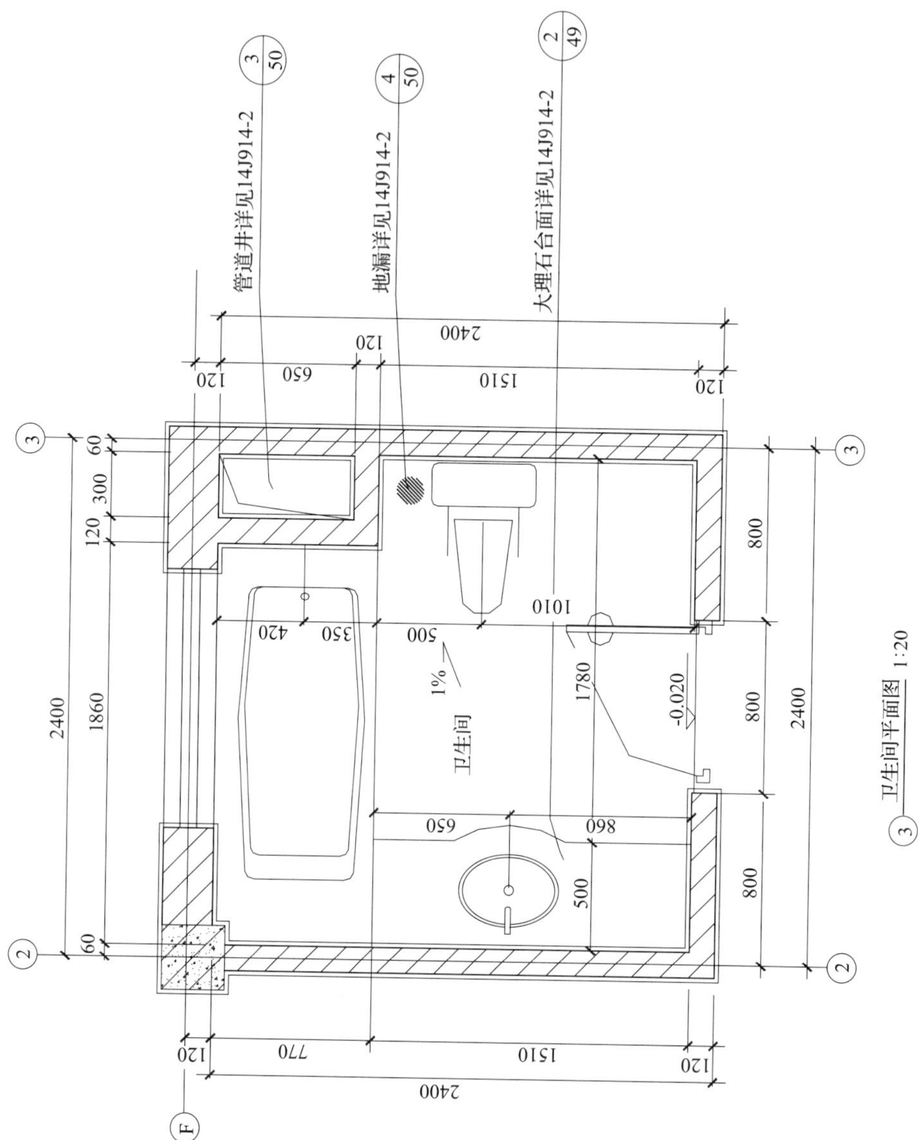

卫生间平面图 1:20

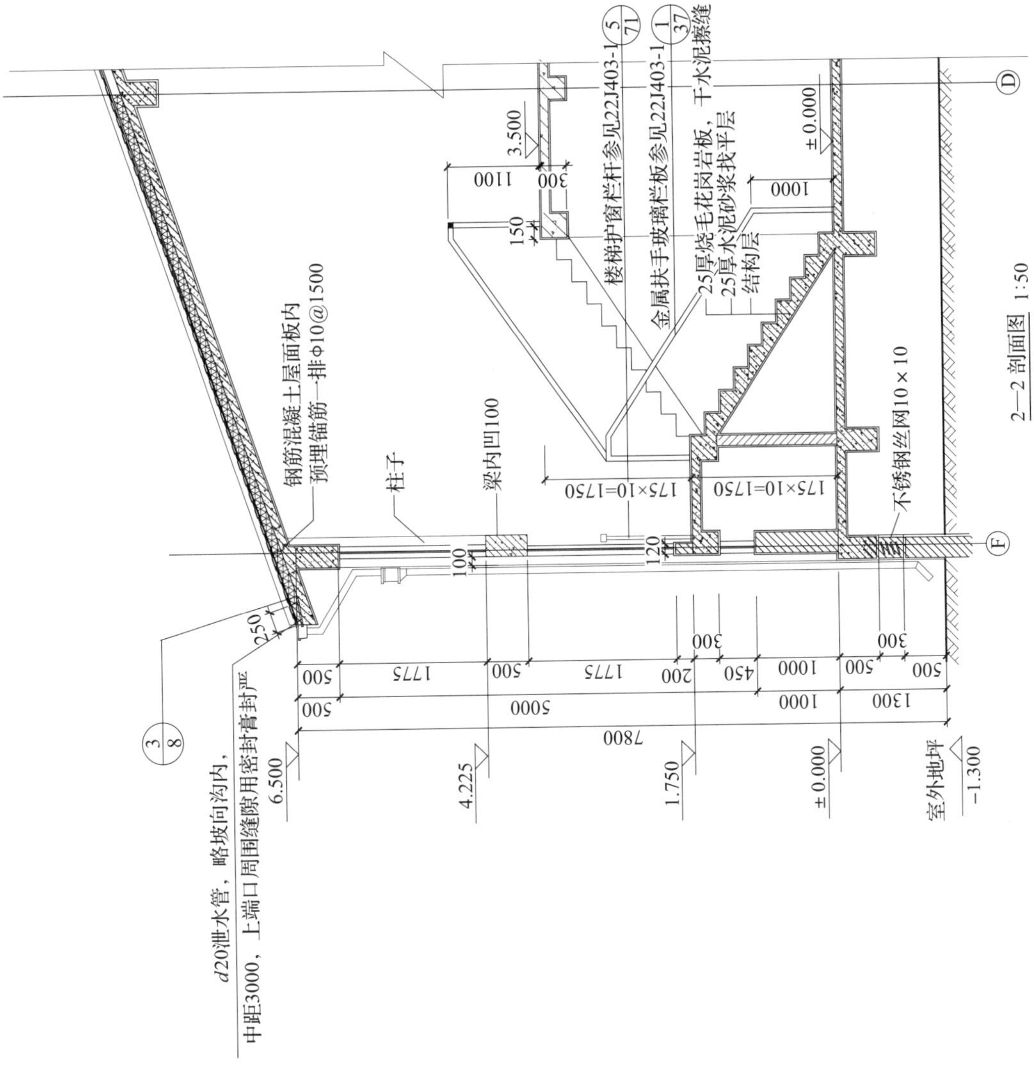

3/8

$d20$泄水管，略坡向沟内，

中距3000，上端口周围缝隙用密封膏封严

250

6.500

钢筋混凝土屋面板内

预埋锚筋一排Φ10@1500

柱子

4.225

100

梁内凹100

150

1100

3.500

300

楼梯护窗栏杆参见22J403-1 5/71

金属扶手玻璃栏板参见22J403-1 1/37

175×10=1750

120

1.750

25厚烧毛花岗岩板，干水泥擦缝

25厚水泥砂浆找平层

结构层

175×10=1750

1000

±0.000

±0.000

不锈钢丝网10×10

室外地坪

-1.300

500 1775 500 1775 200 300 450 1000 500 300 300 500

500 5000 1000 1300

7800

F D

2—2 剖面图 1:50

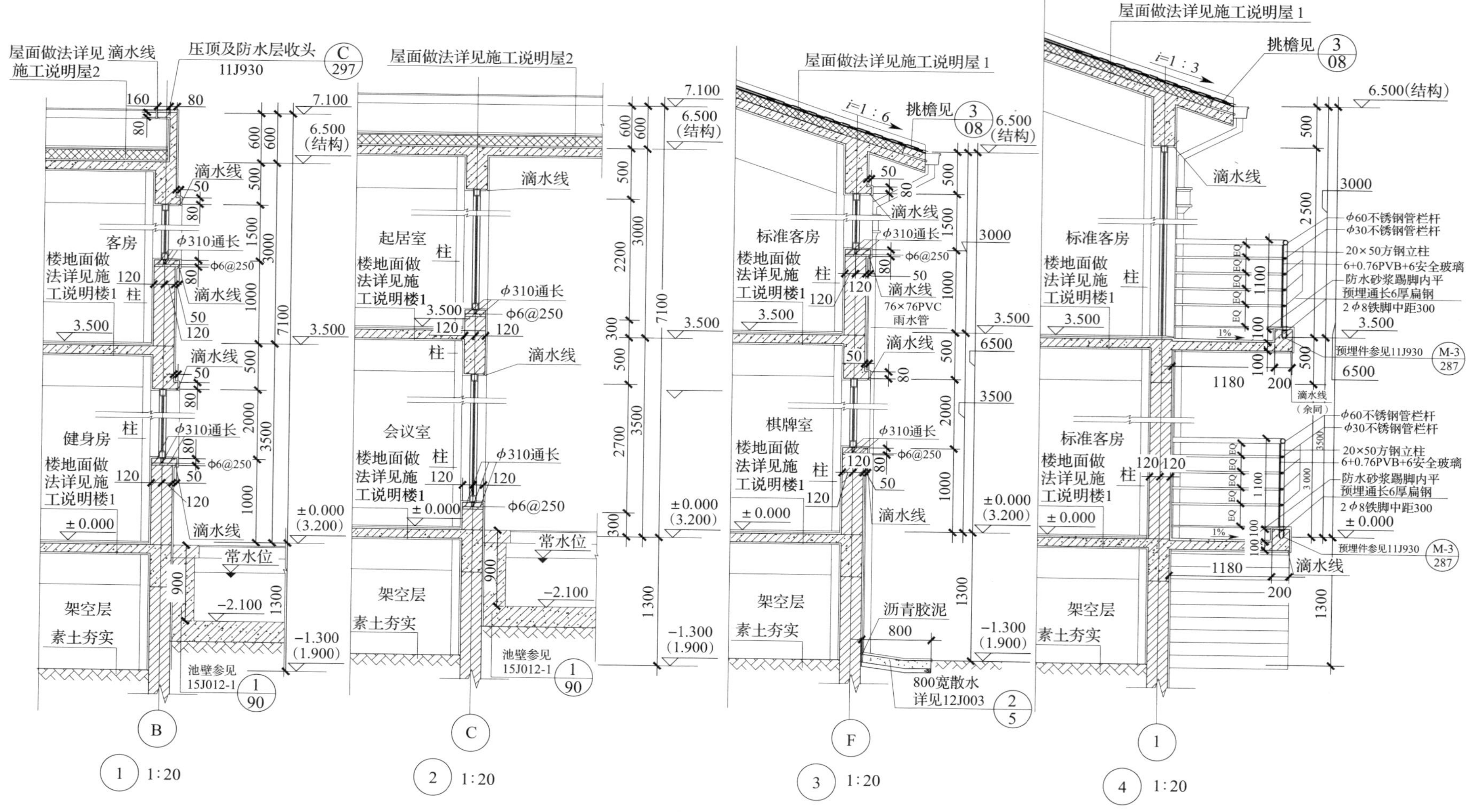

1 1:20

2 1:20

3 1:20

4 1:20

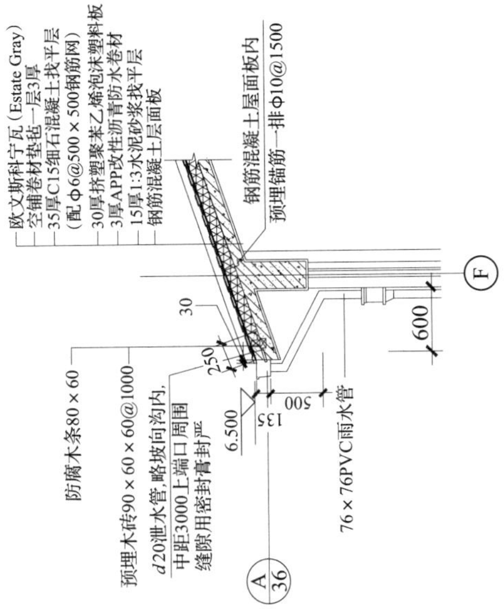

ϕ30不锈钢管栏杆
ϕ60不锈钢管栏杆
20×50方钢立柱
预埋通长6厚扁钢
2ϕ8铁脚中距300
6+0.76PVB+6安全玻璃
防水砂浆踢脚内平
M-3 287 预埋件参见11J930
1100
EQ EQ EQ EQ EQ
200
100 100
100
滴水线
（余同）

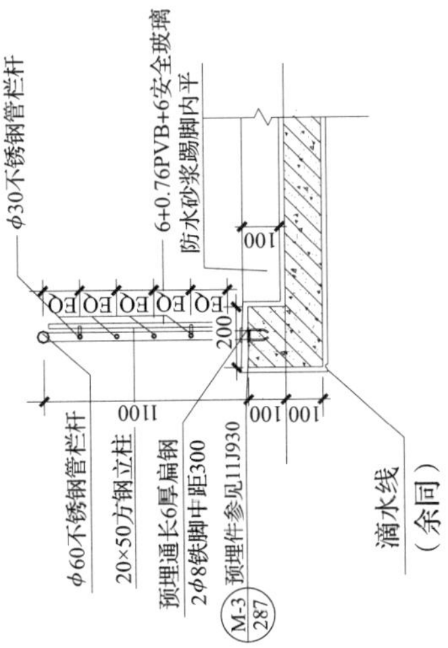

① 阳台栏杆详图 1:10

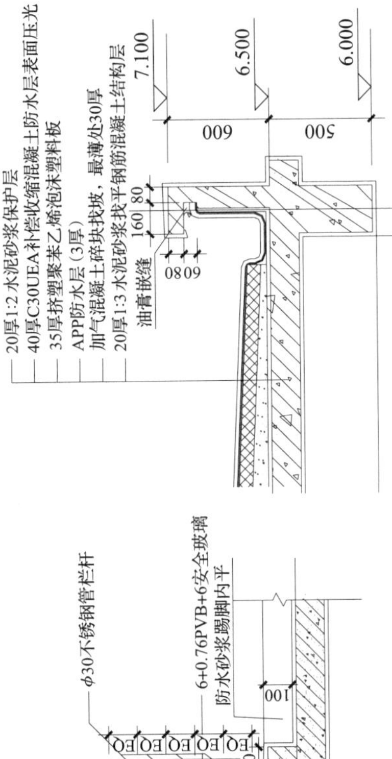

20厚1:2 水泥砂浆保护层
40厚C30UEA补偿收缩混凝土防水层表面压光
35厚挤塑聚苯乙烯泡沫塑料板
APP防水层（3厚）
加气混凝土碎块找坡，最薄处30厚
20厚1:3 水泥砂浆找平钢筋混凝土结构层
油膏嵌缝
160 80
60 80
7.100
600
6.500
500
6.000
7

② 屋顶构造 1:20

欧文斯科宁瓦（Estate Gray）
空铺卷材垫毡一层3厚
35厚C15细石混凝土找平层
（配Φ6@500×500钢筋网）
30厚挤塑聚苯乙烯泡沫塑料板
3厚APP改性沥青防水卷材
15厚1:3水泥砂浆找平层
钢筋混凝土层面板
防腐木条80×60
预埋木砖90×60×60@1000
d20泄水管，略坡向沟内，
中距3000上端口周围
缝隙用密封膏封严
30
250
6.500
A 36
135
500
钢筋混凝土屋面板内
预埋锚筋一排Φ10@1500
76×76PVC雨水管
600
F

③ 挑檐大样图 1:20

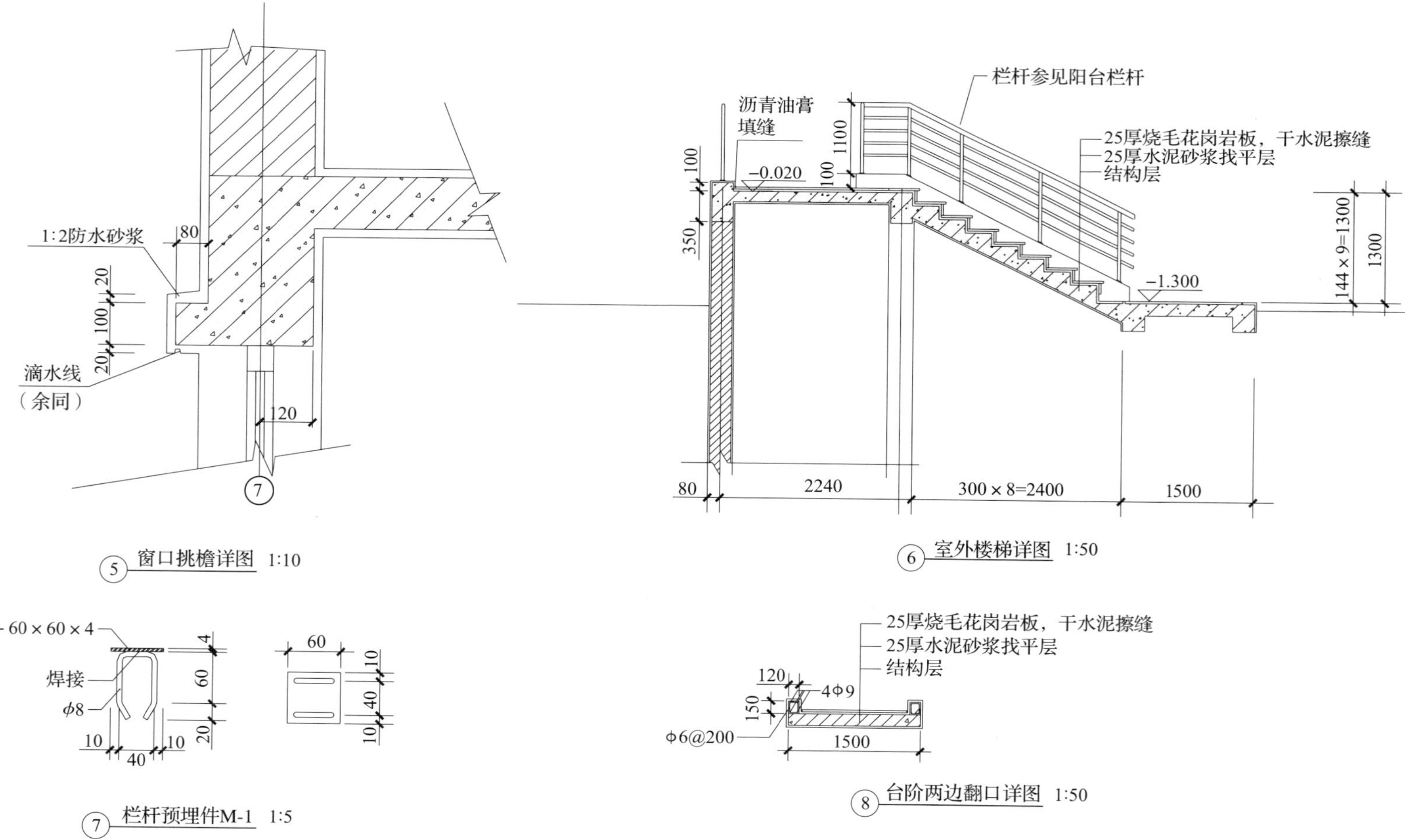

⑤ 窗口挑檐详图 1:10

⑥ 室外楼梯详图 1:50

⑦ 栏杆预埋件M-1 1:5

⑧ 台阶两边翻口详图 1:50

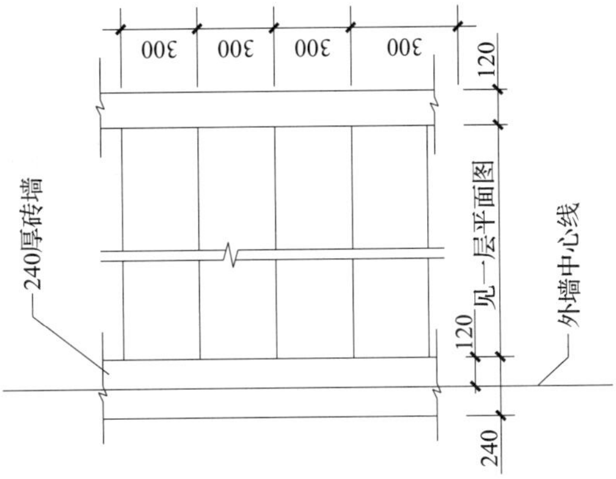

地砖饰面做法同室外平台
80厚200号细石混凝土预制踏步板
内配φ6钢筋，双向中距200
20厚1：2水泥砂浆坐浆
100号砖50号水泥砂浆砌砖墙
地砖饰面做法同室外平台
80厚200号细石混凝土平台板
内配φ6钢筋，双向中距200
−0.020
200号现浇混凝土
100号现浇混凝土
室外地坪
3：7灰土
300
50
80
150
150
150
150
200
600
150
240
240
500
500
3600
5

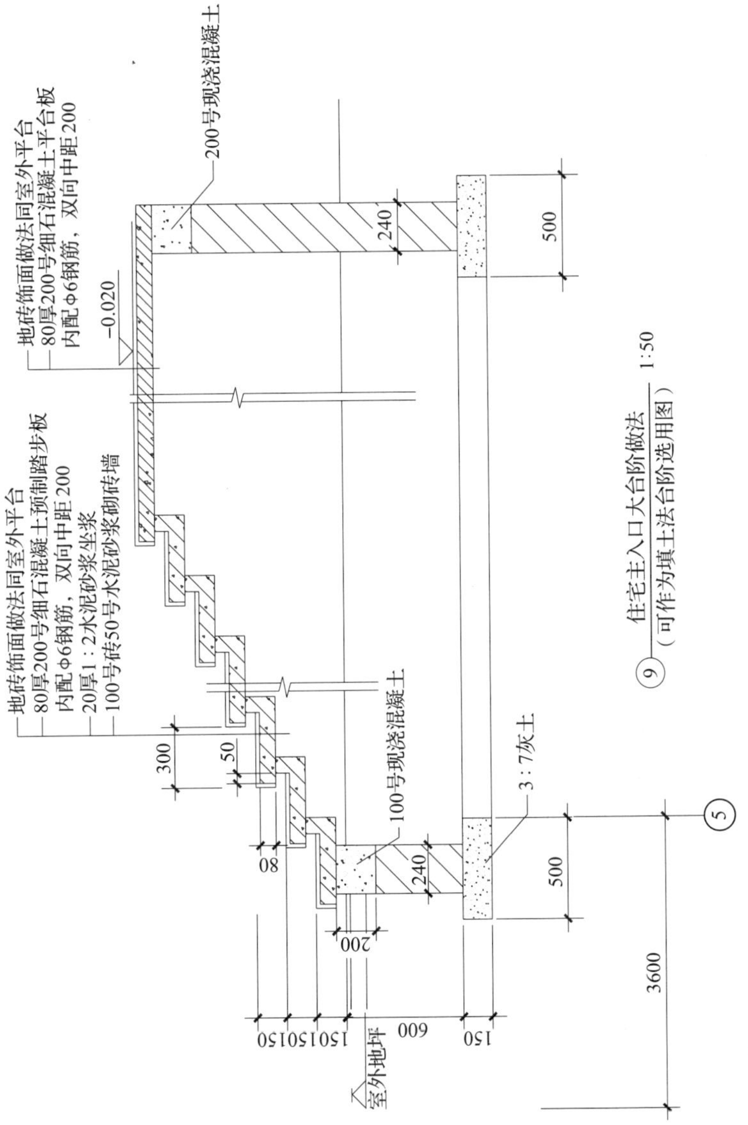

⑨ 住宅主入口大台阶做法（可作为填土法台阶选用图） 1:50

240厚砖墙
300
300
300
300
240
120
见一层平面图
120
外墙中心线

辅助室外踏步平面尺寸图 1:20

第四章 建筑构造概述

一、填空题

1. 一般民用建筑由＿＿＿＿＿＿、＿＿＿＿＿＿、楼地层、＿＿＿＿＿＿、门和窗、屋顶等主要部分组成。

2. 墙和柱是建筑物的＿＿＿＿＿＿（竖向或水平）承重构件，它承受楼地层和屋顶传来的荷载，并把这些荷载传给＿＿＿＿＿。

3. 建筑按照使用性质不同，可以分为＿＿＿＿＿＿＿＿、＿＿＿＿＿＿＿＿和＿＿＿＿＿＿＿三类；按照建筑物承重结构的材料不同，可以分为生土—木结构建筑、＿＿＿＿＿＿＿＿、＿＿＿＿＿＿＿、＿＿＿＿＿＿＿＿和＿＿＿＿＿＿＿＿五大类。

4. 建筑基本模数为 1 M，1 M=＿＿ mm，30 M=＿＿ mm，$\frac{1}{10}$ M=＿＿＿ mm。

二、选择题

1. 以下建筑中属于大量性建筑的是（　　），属于大型性建筑的是（　　）。

A. 国家博物馆　　B. 某医院门诊大楼

C. 某住宅楼　　D. 某地铁车站

E. 人民大会堂　　F. 北京火车站

G. 国家大剧院

2. 关于楼地层和楼板层的描述错误的是（　　）。

A. 楼地层包括底楼的地坪层和二楼及以上各层的楼板层

B. 楼板层包括楼板和顶棚两部分

C. 楼板在垂直方向上将建筑空间划分为若干层，并承受荷载

D. 楼地层除了要具有一定的强度和刚度外，还应耐磨、隔声、防潮、防水

三、简答题

1. 建筑构造设计的主要任务是什么？

2. 影响建筑构造的因素是什么?

地基与基础

一、填空题

1. 基础按所用材料及受力特点不同，可分为＿＿＿＿＿＿和＿＿＿＿＿＿。

2. 基础按构造形式不同，可分为独立基础、＿＿＿＿＿＿基础、＿＿＿＿＿＿基础、＿＿＿＿＿＿基础和桩基础等。

3. ＿＿＿＿＿是承受由基础传下来的荷载的土层，它不属于建筑物的组成部分。

4. 由室外＿＿＿＿＿＿到＿＿＿＿＿＿的距离称为＿＿＿＿＿＿，简称基础埋深。基础埋深大于＿＿＿＿＿＿m的称为深基础，一般情况下，基础埋深应不小于＿＿＿＿＿＿mm。

5. 具有足够的承载力，不需要经过人工加固，可直接在其上建造建筑物的土层称为＿＿＿＿＿＿。

6. 地下室的防水与防潮做法取决于地下室地坪与地下水位的关系。设计最高地下水位低于地下室底板标高时，应采用＿＿＿＿＿＿做法；设计最高地下水位高于地下室标高时，应采用＿＿＿＿＿＿做法。

二、选择题

1. 下列地基中，属于天然地基的是（　　），属于人工地基的是（　　）。

A. 岩石　　B. 碎石土
C. 淤泥　　D. 砂土
E. 人工填土　　F. 粉土
G. 黏性土

2. 材料防水包括（　　）。

A. 自防水　　B. 防水卷材防水
C. 水泥砂浆防水　　D. 涂料防水

3. 下列基础中，属于刚性基础的是（　　），属于柔性基础的是（　　）。

A. 砖基础　　B. 三合土基础
C. 钢筋混凝土基础　　D. 石基础
E. 混凝土基础

4. 下列基础中，（　　）为条形基础，（　　）为独立基础，（　　）为箱形基础。

A. 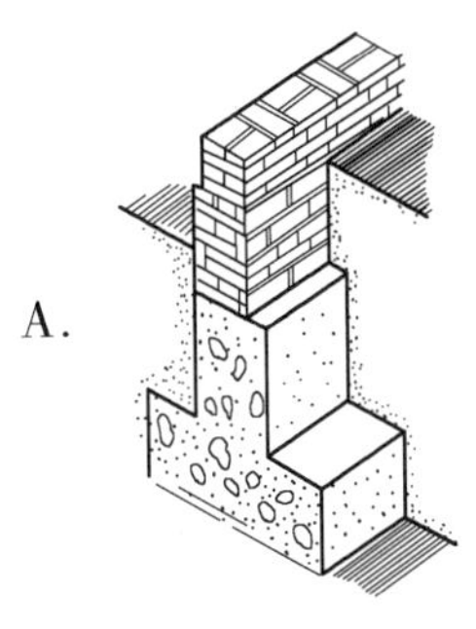

B. 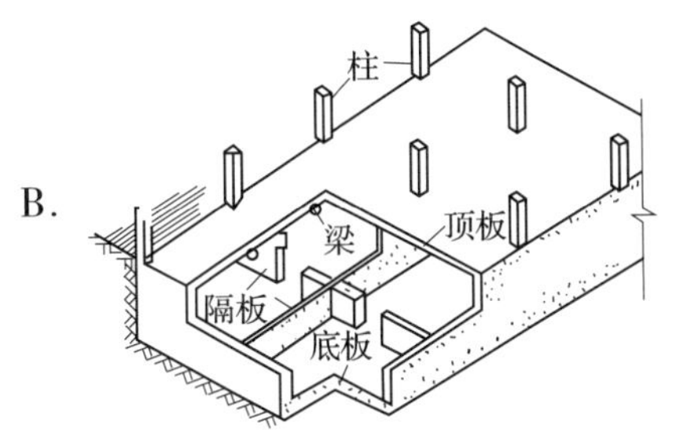

C. 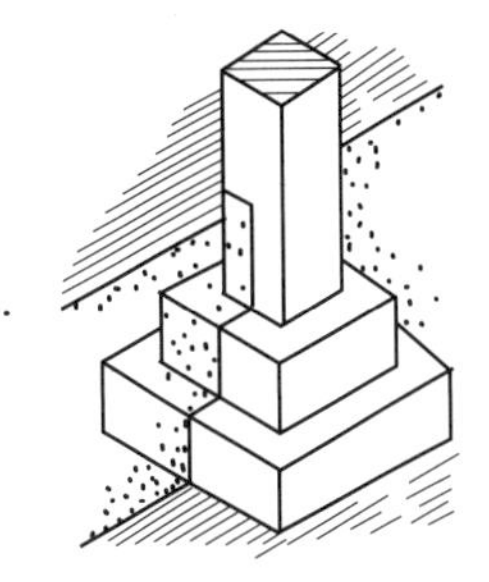

5. 基础埋深的最小深度为（　　）m。

A. 0.3　　B. 0.5　　C. 0.6　　D. 0.8

6. 基础设计中，在墙下或柱下宜采用（　　）。

A. 独立基础　　B. 条形基础　　C. 整片基础　　D. 筏形基础

三、名词解释

1. 人工地基

2. 基础

3. 半地下室

4. 刚性基础

5．柔性基础

四、简答题

1．地基和基础有何区别？

2．建筑物对地基和基础有什么要求？

3．地下室的涂料防水包括哪些种类？各适用于什么情况？

五、作图题

在下图中标示出基础的埋深。

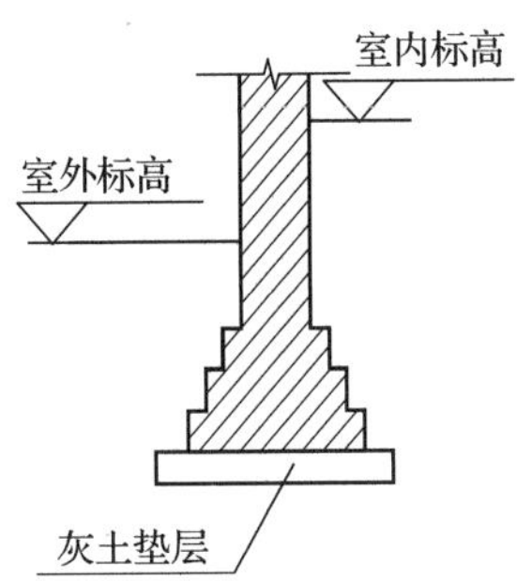

第六章 墙体

一、填空题

1. 墙体的作用有____________、____________、____________。

2. 墙体按照受力情况不同，可以分为____________和____________；按照位置不同，可以分为________和________；按照方向不同，可以分为________和________。

3. 墙体的承重方案有________________、________________、______________和________________。

4. 砖墙在砌筑时应遵循“________________、________________”的原则。

5. 标准砖的规格为______mm × ______mm × ______mm。

6. 散水的宽度一般为______________mm。当屋面采用无组织排水方式时，散水的宽度应比屋檐的挑出宽度大________mm 左右，坡度一般为__________。

7. 明沟的断面尺寸一般不小于宽________mm、深________mm，沟底应有不小于______的纵向坡度。

8. 圈梁可以增加建筑的______________和______________，防止由于基础不均匀沉降、振动及地震引起的______________。

9. 附加圈梁与圈梁的搭接长度不应小于两者垂直间距的____________，且不应小于________m。

10. 墙面装修根据饰面材料和施工方式不同，可分为__________、__________、____________、____________和____________五大类。

11. 常见的隔墙有____________、____________和____________。

12. 外墙接近室外地面部分称为____________。

二、选择题

1. 墙体的水平防潮层一般设于（　　）。

A. 基础顶面

B. 底层地坪混凝土结构层之间的砖缝中

C. 室内地坪与室外地坪之间，且距室外地坪至少 150 mm

D. 室内地坪之下 60 mm 处

2. 下列关于散水的叙述不正确的是（　　）。

A. 散水一般采用混凝土或碎砖混凝土做垫层

B．散水宽度一般为 600 ~ 1 000 mm

C．散水最好采用透水材料做面层

D．当屋面采用无组织排水方式时，散水宽度比屋檐的挑出宽度大 200 mm 左右

3．为提高墙体的保温与隔热性能，不可采取的做法是（　　）。

A．选用热阻大的外墙材料　　B．选用光滑、平整的外墙材料

C．选用深色的外墙材料　　D．选用浅色的外墙材料

4．既有较高的强度，又有较好的和易性的砂浆是（　　）。

A．水泥砂浆　　B．石灰砂浆　　C．水泥石灰混合砂浆　　D．黏土砂浆

5．勒脚是外墙接近室外地面的部分，常用的材料为（　　）。

A．混合砂浆　　B．水泥砂浆　　C．纸筋灰　　D．膨胀珍珠岩

三、名词解释

1．砌体墙

2．立筋类隔墙

3．立条板类隔墙

4．勒脚

5．门窗过梁

6．圈梁

四、简答题

1．简述墙体的分类方式和具体类别。

2．墙体的承重方案有哪几种？它们的优缺点分别是什么？

3．简述散水、明沟、勒脚的作用。

4．简述垂直防潮层的具体做法。

5．简述外墙内保温做法的优缺点。

五、作图题

1．画图表示两种墙身水平防潮层的做法。

2．画图表示两种勒脚的做法。

3．画图表示两种散水的做法。

4．在下图中标注出立筋类隔墙龙骨各部分名称（上槛、下槛、立筋、横筋、斜筋）。

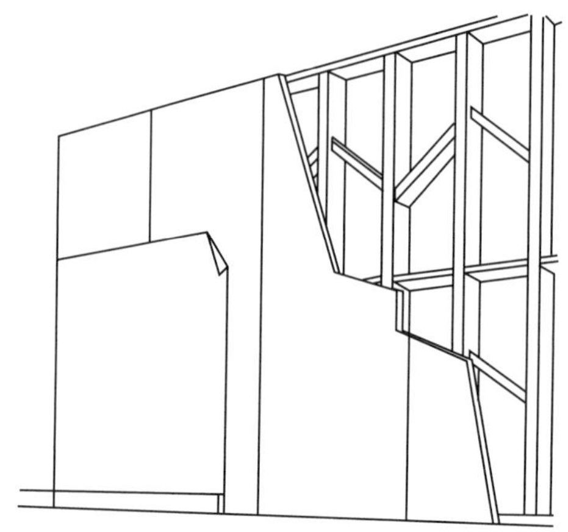

5．在下图中标注出外墙墙身水平防潮层和垂直防潮层的位置。

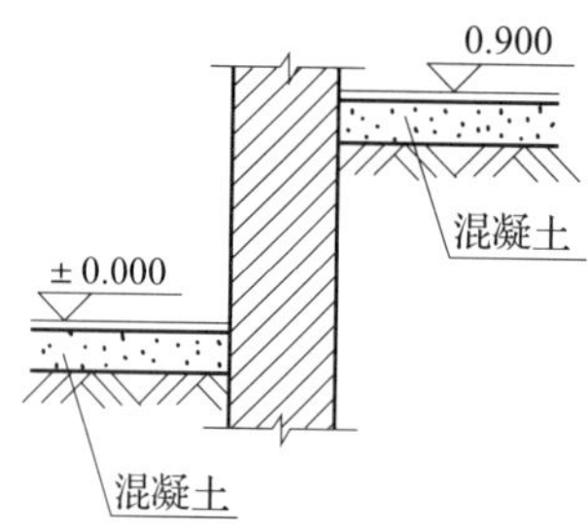

6．下图中圈梁被窗洞口截断，请在图中画出附加圈梁并标注相关尺寸。

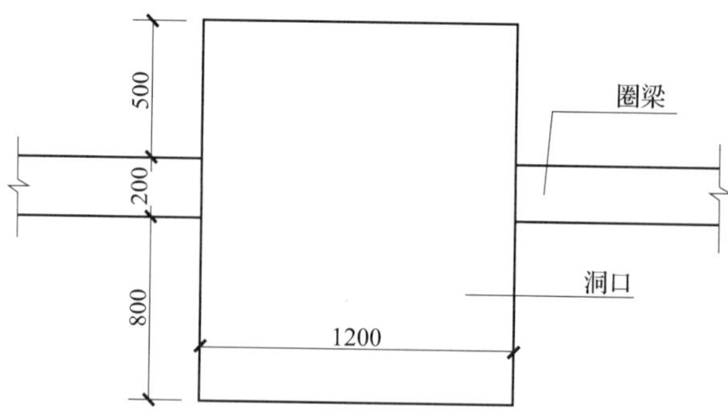

六、设计题

绘制某住宅的墙体节点大样图

根据下列条件和要求，绘制某住宅的墙体节点大样图。

1．设计条件

住宅位于本地区，总层数为三层，层高为 2.9 m。外墙厚度为 370 mm，内墙厚度为 240 mm，楼板为 100 mm 厚的钢筋混凝土现浇板，室内外高差为 450 mm。

2．设计要求

根据以上条件，绘制墙体节点大样图。

3．图样要求

用一张 A3 图纸绘制墙体节点大样图，比例为 1 ∶ 20。

（1）绘制墙脚节点大样图，比例为 1 ∶ 20，反映墙脚部分细部构造（包括散水、勒脚、防潮层、地面等）。

（2）绘制窗台节点大样图，比例为 1 ∶ 20，反映窗台部分细部构造（包括窗台、内墙面、外墙面等）。

（3）绘制窗过梁、楼板层节点大样图，比例为 1 ∶ 20，反映窗过梁、楼板层部分细部构造（包括窗过梁、内墙面、外墙面、楼板层等）。

（4）采用铅笔绘制完成，要求字迹工整，布图匀称，所有线条、材料、图例等均应符合建筑制图要求。

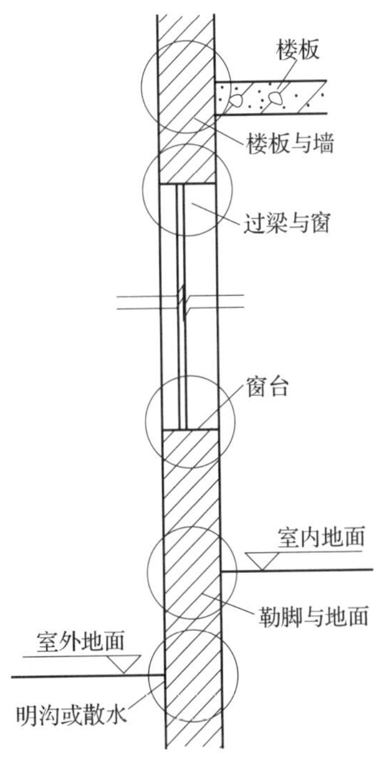

墙体示意图

第七章 楼地层

一、填空题

1. 阳台按其与外墙的相对位置不同，可分为__________、__________和__________。

2. 阳台的承重结构形式主要有__________、__________和__________三种。

3. 楼板层由________、________和________三部分组成，有的还设有附加层。

4. 地坪由________、________和________组成。

5. 吊顶一般由________、________和________三部分组成。

6. 噪声的传播途径有两种，一种是__________，另一种是__________。

7. 楼板层隔声可以采用______________、______________和__________等方式。

8. 梁板式楼板由__________、__________和__________现浇而成。

二、选择题

1. 下列关于楼板层隔声构造措施的说法中，不正确的是（　　）。

A. 楼面上铺设地毯　　B. 楼面上铺设塑胶

C. 做楼板吊顶处理　　D. 设置混凝土垫层

2. 下列关于楼板层构造的说法中，正确的是（　　）。

A. 楼板应有足够的强度，可不考虑变形问题

B. 槽形板上不可打洞

C. 椭圆孔空心板制作最为方便，因此应用最广

D. 采用花篮梁可有效地提高室内净空高度

3. 根据施工方式不同，钢筋混凝土楼板可分为（　　）。

A. 现浇式、梁板式、板式　　B. 板式、装配整体式、现浇式

C. 装配式、装配整体式、现浇式　　D. 装配整体式、梁板式、板式

4. 装配式钢筋混凝土楼板的类型主要有（　　）。

A. 平板、组合式楼板、空心板　　B. 槽形板、实心平板、空心板

C. 空心板、组合式楼板、槽形板　　D. 组合式楼板、肋梁楼板、空心板

5. 根据受力状况不同，梁板式楼板可分为（　　）。

A. 单向板肋梁楼板、多向板肋梁楼板

B．单向板肋梁楼板、双向板肋梁楼板

C．双向板肋梁楼板、三向板肋梁楼板

D．有梁楼板、无梁楼板

6．楼地面按照做法不同，可分为（　　）。

A．水磨石地面、块材地面、塑料地面、木地面

B．块材地面、塑料地面、木地面、泥地面

C．整体地面、块材地面、塑料地面、木地面

D．刚性地面、柔性地面

7．住宅的阳台按使用要求不同，可分为（　　）。

A．凹阳台、凸阳台

B．生活阳台、服务阳台

C．封闭阳台、敞开阳台

D．生活阳台、工作阳台

8．阳台由（　　）组成。

A．栏杆、扶手

B．挑梁、扶手

C．栏杆、承重结构

D．栏杆、栏板

9．根据使用材料不同，楼板可分为（　　）。

A．木楼板、钢筋混凝土楼板、压型钢板组合楼板

B．钢筋混凝土楼板、压型钢板组合楼板、空心板

C．肋梁楼板、空心板、压型钢板组合楼板

D．压型钢板组合楼板、木楼板、空心板

10．阳台设计无须满足的要求是（　　）。

A．安全、坚固、耐久

B．防水和排水

C．美观

D．支撑楼板

三、名词解释

1．结构层

2．预制装配式钢筋混凝土楼板

3. 现浇式钢筋混凝土楼板

4. 板式楼板

5. 无梁式楼板

6. 整体地面

四、简答题

1. 楼板层由哪几部分组成？各部分起什么作用？

2. 简述楼板的种类。

3. 现浇钢筋混凝土楼板有何特点?

4. 常用的现浇钢筋混凝土楼板有哪几种?分别适用于什么情况?

5. 预制钢筋混凝土楼板有何特点?

五、作图题

1. 作图表示地坪层的基本构造层次。

2. 作图表示楼板层的基本构造层次。

3. 作图表示水磨石地面的构造层次。

第八章 楼梯和电梯

一、填空题

1．当梯段宽度大于________mm 时，应设置靠墙扶手；当梯段宽度超过________mm 时，还应设置中间扶手。

2．为保证人流通行的安全和舒适，规定每个梯段的踏步数不得少于______个，且不得多于______个。

3．楼梯的梯段宽度设计通行能力为单人单墙时，宽度不小于______mm；双人通行时，宽度为______________mm；三人通行时，宽度为____________mm。

4．钢筋混凝土楼梯按施工方式不同，可以分为__________式和__________式两类。

5．现浇式钢筋混凝土楼梯按梯段的传力特点不同，可以分为______________、____________和____________。

6．预制装配式楼梯的构造方式可以分为________、________和________。

7．电梯按照使用性质不同，可以分为________、________和________；按照行驶速度不同，可以分为________、________和________。

8．一般来说，电梯由____________、____________和____________等组成。

二、选择题

1．梯井宽度以（　　）mm 为宜。

A．60 ~ 150　　B．100 ~ 200

C．60 ~ 200　　D．100 ~ 150

2．楼梯栏杆扶手的高度一般为自踏面中心线以上（　　）mm，幼儿使用的楼梯应在（　　）mm 高度再设置一道扶手。

A．1 000　400　　B．900　500 ~ 700

C．900　500 ~ 600　　D．900　400

3．楼梯下要通行，楼梯平台的净高不小于（　　）mm。

A．2 100　　B．1 900

C．2 000　　D．2 400

4．下列选项中，属于预制装配式钢筋混凝土楼梯的是（　　）。

A．扭板式、梁承式、墙悬臂式　　B．墙承式、扭板式、梁承式

C．墙承式、梁承式、墙悬臂式　　D．墙承式、扭板式、墙悬臂式

5. 下列选项中，属于现浇式钢筋混凝土楼梯的是（ ）。

A. 梁承式、墙悬臂式、扭板式
B. 梁承式、梁悬臂式、扭板式
C. 墙承式、梁悬臂式、扭板式
D. 板式、梁板式、悬挑式

6. 防滑条应凸出踏步面（ ）mm。

A. 1 ~ 2
B. 5 ~ 7
C. 3 ~ 5
D. 2 ~ 3

7. 为了安全起见，空花式杆件形成空花尺寸不宜过大，通常控制在（ ）mm。

A. 100 ~ 120
B. 50 ~ 100
C. 50 ~ 120
D. 120 ~ 150

8. 混合式栏杆的竖杆和拦板分别起的作用主要是（ ）。

A. 装饰、保护
B. 节约材料、稳定
C. 节约材料、保护
D. 抗侧力、保护和美观装饰

9. 室外台阶的踢面高度一般不超过（ ）mm。

A. 150 B. 180 C. 120 D. 100

三、名词解释

1. 梯段

2. 板式梯段

3. 梁板式梯段

4．无障碍设计

5．电梯井道

四、简答题

1．简述现浇式钢筋混凝土楼梯的优缺点和适用情况。

2．楼梯由哪几部分组成？各组成部分的作用和要求是什么？

3. 简述常见的楼梯形式和适用范围。

4. 简述国家标准对无障碍设计的相关规定。

五、作图题

1. 试绘制住宅楼双跑楼梯（标准层）平面图。

已知层高为 3.0 m，开间为 2.7 m，进深为 5.4 m，楼梯间的墙厚为 240 mm，窗洞口宽为 1.5 m。求楼梯踏步尺寸 $b \times h$ 和梯段长 L（其他未说明的尺寸或要求可自定）。

2．画出两种以上楼梯踏步面层及防滑处理的构造图。

六、设计题

楼梯构造设计

依据下列条件和要求，设计某住宅的钢筋混凝土双跑楼梯。

1．设计条件

该住宅为三层砖混结构，层高为 2.9 m，楼梯间平面与剖面见参考图。墙体均为二四墙，轴线居中，底层设有住宅出入口，室内外高差为 450 mm。

2．设计内容及深度要求

用 A2 图纸一张，完成以下内容：

（1）楼梯间底层、标准层和顶层三个平面图（比例 1 ：50）

1）绘出楼梯间墙、门窗、踏步、平台及栏杆扶手等。底层平面图还应绘出室外台阶或坡道、部分散水的投影等。

2）标注两道尺寸线。

开间方向：

第一道：细部尺寸，包括梯段宽度、梯井宽度和墙内缘至轴线尺寸。

第二道：轴线尺寸。

进深方向：

第一道：细部尺寸，包括梯段长度、平台深度和墙内缘至轴线尺寸。

第二道：轴线尺寸。

3）内部标注楼层和中间平台标高、室内外地面标高，标注楼梯上下行指示线，并注明该层楼梯的踏步数和踏步尺寸。

4）注写图名、比例，底层平面图还应标注剖切符号。

（2）楼梯间剖面图（比例 1 ：30）

1）绘出梯段、平台、栏杆扶手、室内外地面、室外台阶或坡道、雨篷以及剖切到投影所见的门窗、楼梯间墙等，剖切到部分用材料图例表示。

2）标注两道尺寸线。

水平方向：

第一道：细部尺寸，包括梯段长度、平台宽度和墙内缘至轴线尺寸。

第二道：轴线尺寸。

垂直方向：

第一道：各梯段的级数及高度。

第二道：层高尺寸。

3）标注各楼层和中间平台标高、室内外地面标高、底层平台梁底标高、栏杆扶手高度等，注写图名和比例。

（3）楼梯构造节点详图（2 ~ 3 个，比例 1 ∶ 10）

要求表示清楚各细部构造（包括踏步、栏杆、扶手等）、标高有关尺寸和做法说明。

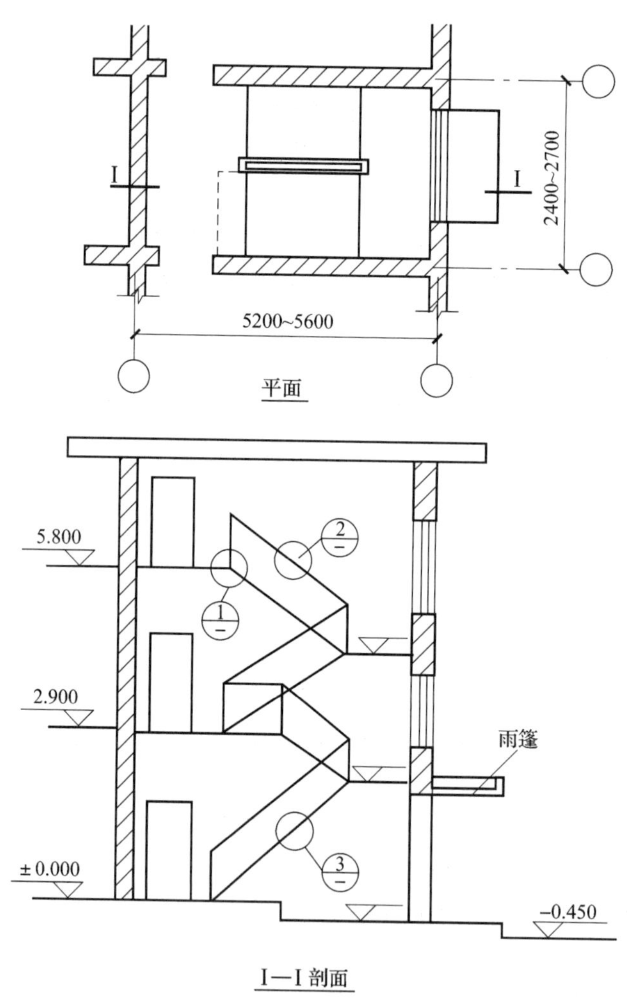

楼梯间平面、剖面参考图

门和窗

一、填空题

1. 门在建筑上的主要功能是______、______、______。

2. 窗的主要建筑功能是______和______，兼有______、______的作用。

3. 按照开启方式不同，门可以分为______门、______门、______门、折叠门、______门等。

4. 转门可用作______地区公共建筑的外门，或用于有______和空调的公共建筑的外门。转门______作为疏散门，需要在其两侧设置______门或______门作为疏散门。

5. 单扇门的宽度一般为______mm，双扇门的宽度一般为______mm。门的高度不宜小于______mm。

6. 平开窗扇的宽度一般不超过______mm，高度一般不超过______mm。

7. 门的代号用______表示，窗的代号用______表示，FM 表示______，MM 表示______。

8. 门框的安装方式有______和______两种。

9. 遮阳的形式有______遮阳、______遮阳、______遮阳和综合式遮阳。

10. 节能门窗可以采用门窗框扇______型材以及______玻璃。

二、选择题

1. 仓库大门、寒冷地区公共建筑外门应分别采用（　　）。

A. 平开门和转门　　B. 推拉门和折叠门

C. 平开门和弹簧门　　D. 弹簧门和转门

2.（　　）开启时不占室内空间，可防止雨水进入室内；（　　）擦窗安全方便，但影响家具布置和使用。

A. 内开窗　固定窗　　B. 内开窗　外开窗

C. 立转窗　外开窗　　D. 外开窗　内开窗

3. 彩钢门窗的特点是（　　）。

A. 易锈蚀，应经常进行表面油漆维护

B．密闭性能较差，不能用于有洁净、防尘要求的房间
C．质量轻，硬度高，采光面积大
D．断面形式简单，安装快速方便
4．铝合金门窗的特点是（　　）。
A．表面氧化层易被腐蚀，需经常维修
B．色泽单一，一般只有银白色和古铜色两种
C．自重轻，耐腐蚀，强度高
D．框料较重，因而能承受较大的风荷载
5．门的高度不宜小于（　　）mm。
A．1 800　　B．1 500　　C．2 000　　D．2 100

三、名词解释

1．平开门

2．推拉门

3．固定窗

4．悬窗

5．立口

6．塞口

四、简答题

1．门的形式有哪几种？各自的特点和适用范围是什么？

2．窗的形式有哪几种？各自的特点和适用范围是什么？

3．简述木门的构造和门框的安装方式。

4．简述窗的选用注意事项。

5．简述门窗节能的措施。

屋顶

一、填空题

1. 屋顶的设计要求包括______、______、______和建筑艺术要求。

2. 影响排水坡度的因素有______、______和其他因素。

3. 屋顶坡度的形成方式有______和______。

4. 屋顶的类型分为______、______和其他形式屋顶。

5. 屋顶的排水方式分为______和______两大类。

6. 卷材防水屋面的基本层次有______、______、______、防水层和______。

7. 平瓦屋面的构造一般包括______、______和______三个组成部分。

8. 刚性防水屋面一般由______、______、______和______组成。

9. 刚性防水层宜采用强度等级不低于______的细石混凝土浇筑，其厚度不应小于______mm，并应配置直径 4 ~ 6 mm、间距 100 ~ 200 mm 的双向钢筋网片，钢筋保护层厚度不小于______mm。为提高细石混凝土的防水性能，细石混凝土中宜掺入膨胀剂、______、______等。

10. 屋顶的隔热措施可以采取______隔热、______隔热和______隔热。

二、选择题

1. 平屋顶必须有一定的坡度，一般不大于（　　），常用坡度为（　　）。

A. 10%　5%　　B. 5%　1%

C. 10%　3%　　D. 5%　2% ~ 3%

2. 坡度的形成有（　　）两种方式。

A. 纵墙起坡、山墙起坡　　B. 山墙起坡、横墙找坡

C. 材料找坡、结构找坡　　D. 结构找坡、山墙起坡

3. 下列说法中，正确的是（　　）。

A. 刚性防水屋面的泛水处不应铺设卷材或涂膜附加层

B. 刚性防水屋面的女儿墙与防水层之间不应有缝，并加铺附加卷材形成泛水

C．泛水应有足够高度，一般不小于 250 mm

D．刚性防水层内的钢筋在分格缝处应连通，以保持防水层的整体性

4．屋顶的功能是（　　）。

A．遮风、挡雨　　B．遮风、挡雨、隔热

C．保温、隔热　　D．遮风、挡雨、保温、隔热

5．结构找坡的优点是（　　）。

A．经济性好，减轻荷载

B．省工、省料，较为经济

C．减轻荷载，排水坡度较大

D．经济性好，减轻荷载，室内顶棚平整，排水坡度较大

6．下图所示的平瓦屋面为（　　）。

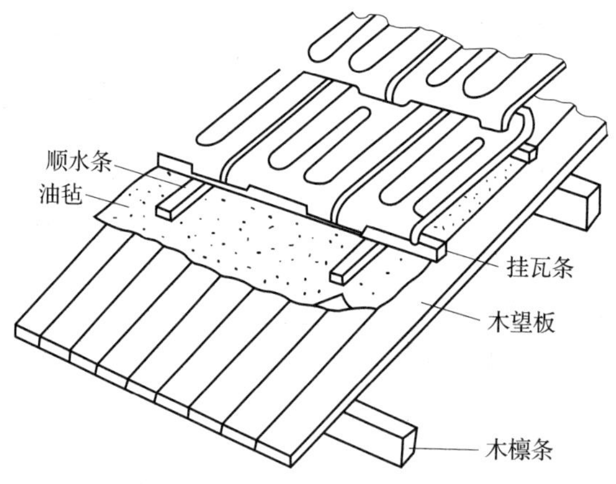

A．冷摊瓦屋面　　B．木望板瓦屋面

C．钢筋混凝土挂瓦板平瓦屋面　　D．油毡瓦屋面

7．下列建筑可以不采用有组织排水方式的是（　　）。

A．多层及高层建筑　　B．高标准的低层建筑

C．严寒地区建筑　　D．降雨量较少地区的低层建筑

三、名词解释

1．坡屋顶

2．自由落水

3．有组织排水

4．泛水

5．刚性防水屋面

6．涂膜防水屋面

7．伸缩缝

8．沉降缝

四、简答题

1．屋顶是如何分类的？结合实际举例说明。

2．屋顶的排水方式有哪几种？简述各自的优缺点和适用范围。

3．屋顶的保温材料有哪几类？其保温层的设置位置有哪几种？

4．坡屋顶的承重结构系统有哪几种？各自的特点是什么？

5．简述变形缝的设置原则。

五、作图题

1．画出带保温层的卷材防水屋面的构造层次图。

2．画出卷材防水屋面女儿墙泛水的构造图。

3．画出刚性防水屋面的构造层次图。

六、设计题

平屋顶构造设计

1. 目的要求

通过本次作业，学生应掌握屋顶有组织排水和屋顶构造节点详图的设计方法，训练绘制和识读施工图的能力。

2. 设计资料

（1）下图为某学校教学楼平面图和剖面图。该教学楼为四层，教学区层高为3.6 m，办公区层高为3.3 m，教学区与办公区的交界处做错层处理。

（2）结构类型：砖混结构。

（3）屋顶类型：平屋顶。

（4）屋顶排水方式：有组织排水，檐口形式自定。

（5）屋面防水方案：卷材防水或刚性防水。

（6）屋顶有保温或隔热要求。

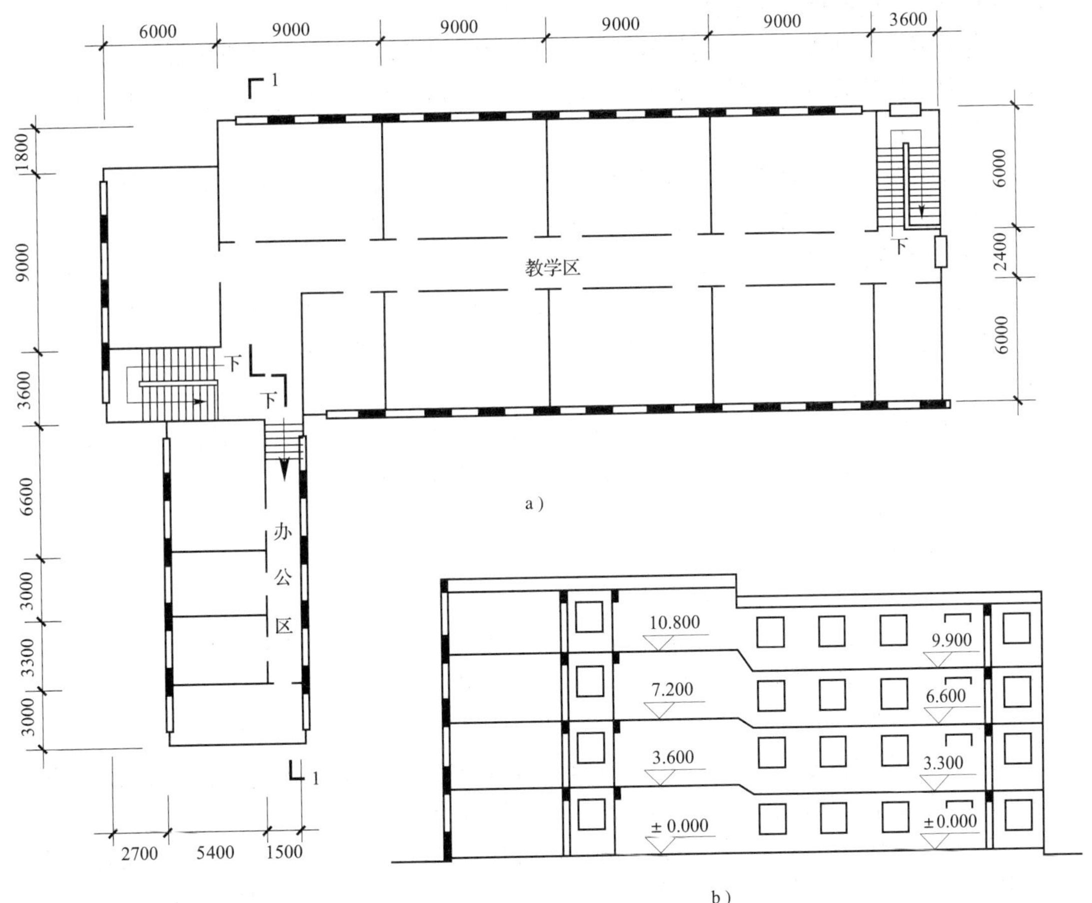

某学校教学楼平面图和剖面图

a）平面图 b）剖面图

3．设计内容及图样要求

用一张 A3 图纸，按建筑制图标准的规定，绘制该学校教学楼屋顶平面图和屋顶节点详图。

（1）屋顶平面图（比例 1∶200）

1）画出各坡面交线、檐沟（或女儿墙和天沟）、雨水口及屋面上人孔等，刚性防水屋面还应画出纵横分格缝。

2）标注屋面和檐沟（或天沟）内的排水方向和坡度大小，标注屋面上人孔等凸出屋面部分的有关尺寸，标注屋面标高（结构上表面标高）。

3）标注各转角处的定位轴线和编号。

4）外部标注两道尺寸，即轴线尺寸和雨水口到邻近轴线的距离（或雨水口的间距）。

5）标注详图索引符号，并注明图名和比例。

（2）屋顶节点详图（比例 1∶10 或 1∶20）

1）檐口构造。当采用檐沟外排水时，表示清楚檐沟板的形式、屋顶各层构造、檐口处的防水处理，以及檐沟板与圈梁、墙、屋面板之间的相互关系，标注檐沟尺寸，注明檐沟饰面层的做法和防水层的收头构造做法。

当采用女儿墙外排水或内排水时，表示清楚女儿墙压顶构造、泛水构造、屋顶各层构造和天沟形式等，注明女儿墙压顶和泛水的构造做法，标注女儿墙的高度、泛水的高度等尺寸。

当采用檐沟女儿墙外排水时要求同上。用多层构造引出线注明屋顶各层做法，标注屋面排水方向和坡度大小，标注详图符号和比例，剖切到的部分用材料图例表示。

2）泛水构造。画出高低屋面之间的立墙与低屋面交接处的泛水构造，表示清楚泛水构造和屋面各层构造，注明泛水构造做法，标注有关尺寸、详图符号和比例。

3）雨水口构造。表示清楚雨水口的形式、雨水口处的防水处理，注明细部做法，标注有关尺寸、详图符号和比例。

4）刚性防水屋面分格缝构造。若选用刚性防水屋面，则应做分格缝，要表示清楚各部分的构造关系，标注细部尺寸、标高、详图符号和比例。

4．设计指导

（1）屋顶平面设计

1）划分排水坡面，确定排水方向和坡度。

①根据屋面高低、屋顶平面形状和尺寸，划分排水坡面，确定排水方向。屋面宽度不大时，常采用单坡排水；宽度较大时，宜采用双坡排水。

②根据当地气候条件、屋面防水材料和屋面是否上人，确定屋面排水坡度。

2）确定檐口排水方式。考虑立面设计要求，确定檐口排水方式。常用方式为檐沟外排水和女儿墙外排水，也可用檐沟女儿墙外排水或女儿墙内排水。

3）确定雨水口及雨水管的间距和位置。根据排水坡面的宽度、当地气候条件、排水沟的集水能力和雨水管的大小等因素，确定雨水口及雨水管的间距，并结合立面设计要求确定雨水口及雨水管的位置。雨水口及雨水管的间距一般不超过 24 m，常用 12 ~ 18 m。

4）确定排水沟内的纵向排水坡度。排水沟内的纵向排水坡度一般为 0.5% ~ 1%。

5）确定屋面防水方案。根据屋面防水要求、当地气候条件等因素，确定屋面防水方案，并选择防水材料。若为刚性防水屋面，还应设置分格缝（又称分仓缝），并根据屋面宽度和结构布置确定分格缝的间距和位置，横向和纵向分格缝的间距一般不超过 6 m。

6）确定屋面上人孔等凸出屋面部分的位置和尺寸。

（2）屋顶细部构造

1）檐口构造。

①檐沟外排水。考虑排水要求、结构要求、施工条件和立面美观等因素，确定檐沟板的断面形式、尺寸以及支撑方式。檐沟净宽一般不小于 200 mm，分水线处的檐沟深度不宜小于 120 mm。应做好檐沟处的防水，注意防水层的收头处理。根据当地气候条件和建筑物的使用要求，考虑保温构造或隔热构造，确定屋面防水、保温或隔热、找坡等构造做法。

②女儿墙外排水或内排水。包括女儿墙泛水构造、女儿墙压顶构造以及屋面构造等，还应根据泛水要求和立面设计要求，确定女儿墙的高度。

③檐沟女儿墙外排水。确定檐沟的形式、尺寸、支撑方式及防水构造，确定女儿墙处的泛水构造、女儿墙压顶做法和排水口的高度，确定屋面做法。

2）泛水构造。确定泛水的构造做法和泛水高度，做好防水层的收头处理，确定屋面做法。

3）雨水口构造。

①根据屋面排水方式，选择雨水口的形式。檐沟外排水、檐沟女儿墙外排水和女儿墙内排水的雨水口是直管，设于沟底；女儿墙外排水的雨水口是弯管，设于女儿墙的根部。

②选择雨水口、雨水斗和雨水管的材料，确定安装方法。

③做好雨水口处的防水，注意雨水口周边的防水层收头处理。

④确定屋面做法。

4）分格缝构造。确定分格缝的宽度，确定纵向和横向分格缝的防水构造做法。